掌控
职场活力九法则

THE CONSCIOUS LEADER
9 Principles and Practices to Create a Wide-awake and Productive Workplace

〔美〕谢利·雷西尼罗 著
梁卿 译

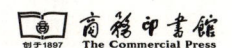

商务印书馆
The Commercial Press

©Shelley Reciniello 2014
©LID Publishing Inc
Copyright Licensed by LID Publishing Inc
Arranged with Andrew Nurnberg Associates International Limited

献给我已故的双亲安东尼和约瑟芬·雷西尼罗
献给我的丈夫戴维·阿尔道,他使一切成为可能

目　　录

序 ………………………………………………………………… 1
献词 ……………………………………………………………… 3
内容简介 ………………………………………………………… 8
　　为什么以前没有人告诉过我？ …………………………… 8

第一章　为什么看似一切顺利时会出问题：
　　　　隐秘的动机和暗藏的企图 …………………………… 15
　　彻底失败的门户网站 ……………………………………… 18
　　为什么具有意识很重要 …………………………………… 21
　　背后隐藏着什么 …………………………………………… 22
　　怎么清醒过来 ……………………………………………… 24

第二章　领导者不知道自己的最大弱点时：
　　　　未知的弱点会造成伤害 ……………………………… 32
　　你背负着什么？ …………………………………………… 33
　　自恋的错觉是成功的障碍 ………………………………… 35
　　你的心理房间 ……………………………………………… 38
　　人们怎么议论你？ ………………………………………… 39
　　你有哪些习惯？ …………………………………………… 40

1

轻松得分 101 ································ 40
　　什么是具有心理意识的领导力教练术? ·············· 45
　　从这里去往何方? ······························ 48

第三章　当个性给企业造成妨碍时：
　　　　 为什么不能人人都像我一样? ················ 50
　　自我防御 ···································· 50
　　他很有个性 ·································· 55
　　岂止是又一场会议 ···························· 56

第四章　当企业再现家庭模式时：谁是你爸爸? ········ 65
　　记忆和幻想 ·································· 66
　　明天是新的一天 ······························ 69
　　领导力，移情和反移情 ························ 74

第五章　当人们在群体中发生退行时：是团队还是帮派? ···· 81
　　人们在工作中为什么会发生退行? ················ 82
　　怎么打造前进而不是退行的群体 ················ 88
　　文明有礼为什么重要 ·························· 90

第六章　当多元化已成趋势，员工却仍然整齐划一时：
　　　　 实现真正的多元 ·························· 96
　　当无意识造成伤害时 ·························· 98
　　常见的失策 ·································· 100
　　我们寻找相似性，忽略差异性 ·················· 102

其中一个兄弟 ························· 103
我们寻找差异，忽视相似点 ················ 105

第七章 当冲突、愤怒和权力对业绩、利润和安宁造成破坏时：学会驾驭它们 ················ 111
  冲突 ································ 112
  愤怒 ································ 116
  不能用愤怒做什么 ···················· 121
  可以用愤怒做什么 ···················· 124
  权力 ································ 126

第八章 当变化是个常量时：混乱还是包容？ ······ 131
  变化为什么如此特别？ ················ 132
  不愿哀悼的领导者 ···················· 133
  一个包容的故事 ······················ 136
  走向成长和寻找机遇 ·················· 138

第九章 当心理卫生状况不佳、对思考造成破坏时：大脑不会照顾自己 ·························· 142
  日常维护 ···························· 144
  准备工作 ···························· 146
  放慢脚步 ···························· 147
  留下空白 ···························· 149
  你的理想自我 ························ 150
  意识之外 ···························· 152

3

结论：特权、责任和挑战 ················· 155
    道德 ································· 156
    精神财富（遗产）····················· 156
    尊严 ································· 157
    找回工作的意义 ······················· 159

附录：个人训练技术问卷 ··················· 162
参考文献 ································· 166

序

30多年来，我有幸与一位善于思考的心理学家共度婚姻生活。我倾向于把个人和企业的行为放在大背景下加以解释，我的妻子则倾向于从内在心理的角度加以解释。我的工作是协助领导者了解和改善自己的行为。我常常要提出一个问题："这种行为可以为员工、顾客、投资人或者社会增加怎样的价值？"我的妻子温迪看到同样的行为，则会提出疑问："这种行为是怎么形成的？"这两种方法都是有用的。社会学的、注重背景的方法有助于考察结果，心理学的方法则有助于寻找原因。

在这本精彩的书中，企业心理学家谢利·雷西尼罗（Shelley Reciniello）在个人和企业层面把上述两个视角巧妙地结合起来。对于个体的领导者，她能够帮助他们把无意识的心理提升到意识层面。她既能帮助领导者深入挖掘自己的行为举止背后的心理因素，又能够把这种心理因素放在企业背景下。没有企业背景，展示个人的高尚品质就会有自恋的嫌疑。示人以真对员工、顾客和投资者有何价值？如果对这个问题不予界定，那么，这样的真实就是短命的，也是自私的。在不完全了解他人动机的条件下做出承诺，这种行为可能被看作逢迎取悦。谢利把心理学（内心意识）和社会学（外部环境）结合起来，能够对领导者给予巧妙的个性化点拨。

当今时代，领导者通过其所管理的组织实行领导。如同个体的人，组织也有公开行动、管理流程和形态结构。由于组织具有这些层面，所以许多领导者宣布要发起变革，制定战略，再造流程，或者减少管理层次。组织发起的此类出于良好初衷的变革，经常被宣称为转型。但此类变革并不是转型。因为旧的做法在不知不觉中恢复，新的观念得不到落实。在公开的实践背后，存在着潜意识的企业文化，企业文化决定了事情最终的处理办法。必须对这种潜意识的文化予以界定、暴露、讨论和争辩，否则，变革不太可能发生。有位睿智的同僚说过："企业文化能把战略当午餐吃掉。"事实上，现实很可能会继续如此。谢利的支招可以帮助领导者把无意识的企业文化变得较为透明，进而对文化加以改变。

对个人和组织而言，可持续性都是一大难题。好的观念怎样才能真正落实？这就要求我们把心理学（某些行动何以发生）和社会学（它们造成怎样的结果）两方面的洞察结合起来。当企业文化和领导者的无意识行为被提升到意识层面，可持续的变革就能够并且将会发生。这本书写得细致而巧妙，它能帮助你实现令人满意的结果。

我有幸从善于思考的妻子那里学到了这些课程，诸位读者可以从善于思考、富有创造力的作者谢利那里学到同样的课程。

密歇根大学罗斯商学院 RBL 集团合伙人
戴维·乌尔里克

献　　词

侦探小说家乔治·西姆农（George Simenon）虚构了一位探长叫麦格雷（Maigret）。每当人们向麦格雷探长请教，他是怎么成功地侦破了那么多起疑难案件的，他总是坚持一个说法：他没有什么方法。当然，没有方法就是他的方法：对所见所闻完全保持开放态度，每遇到一个人，就设身处地地站在对方的立场，钻到对方的脑子里，观察，揣摩，不轻易下判断。这也是心理分析的方法——我们在为个人和机构提供咨询时，渐渐掌握了与麦格雷一样的窍门，凭借对人性、对我们自己和他人的了解来对事件进行分析。这一知识就是我在这本书中要向读者透露的信息。

对于本书的写作，我衷心感谢所有曾经前来求助的人，我和他们共同创造并汇集了这些知识，我也感谢许多从业者，他们采用心理分析的方法，并对我产生了直接的影响。我最早接触到哈里·莱文森（Harry Levinson）的著作，是在美国纽约的社会研究新学院研究生部（Graduate Faculty of the New School for Social Research）求学期间。伯纳德·"泰德"·里斯（Bernard "Ted" Riess）教授向我推荐了拉里的作品。他们二位在一些咨询项目上有过合作。我后来结识了拉里，他成了我的导师和朋友。我本人继续极大地受益于他的教导，在组织咨询这个领域也受益匪浅。他也是"总裁教练术"（executive coaching）之父（虽然还有许多其他人想要争夺这项桂冠);他的天才和指引继续为许多人、许多机构提供服务,指点迷津。他的思想、精神和支持始终鼓舞着我。

我还得到了朋友和同事们的耐心指点,特别是迈克尔·A.戴蒙德(Michael A. Diamond),他的思想之深度和理论之严谨令人震惊。我感谢迈克尔的支持、鼓励,以及他拥有的百科全书般的渊博知识,尤其是关于哈里·莱文森著作的知识。我感谢曼弗雷德·凯茨·德弗里斯(Manfred Kets de Vries),他的智慧、洞察和知识的广度无人可比,每每给我启迪。我感谢好友霍华德·斯坦(Howard Stein),他以其卓越的才华,为这本书赋予了诗意的想象和同情。我在参考文献部分提及了上述三人的著作,因为他们和该领域的许多其他人一道,给我提示,促我思考。我感谢他们每个人。

这本书的雏形是我多年来在各家公司发表讲话的发言稿,那些讲话的目的是传授心理学的知识和心得,鼓励人们提升心理意识。如今,人们不断地追求表面化的应急解决之道,在这样一个时代,我想提出一种同样可行、同样管用的替代方法。我始终希望,这些方法能够减少人们在职场承受的痛苦,帮助他们重新获得工作出色所能给人带来的成就感、自信和快乐。近年来,许多其他群体和个人热烈地接受了上述观点,某次研讨会的主题就是"成功与幸福的十大原则:你走进办公室前要知道什么",这个主题成了这本书的大纲。可是这本书却迟迟未能动笔。事情出现转机,我遇到了一位了不起的同行艾丽西亚·考夫曼(Alicia Kaufmann),她想方设法找到了我,和我讨论我写过的一篇关于女性在职场的文章。考夫曼才华出众,为人大方,她把我介绍给她的出版商,由此开启了这本书的写作历程。我永远感谢她,并

献 词

且期待未来与她合作。

我感谢聪明可爱的拉克尔·阿维拉（Raquel Avila），她第一个欣然接受了我要写书的想法，并且把我引荐给出版编辑珍妮·布拉肯（Jeanne Bracken）。我享受与珍妮的每一次沟通，我感谢她的睿智、才华和商业头脑，感谢她的支持、洞见和友善，感谢她对这本书抱有信心，并帮助我澄清思路。我是因为她才选择了 LID 出版公司，我要感谢 LID 每个帮助过我的人，尤其是伊迪·莱因哈特（Edie Reinhardt）、马丁·刘（Martin Liu）和卡尔·韦伯（Karl Weber）。我尤其感谢劳里·普赖斯（Laurie Price）做了细致的定稿工作。

这样一本书，是我一辈子以既职业又私人的方式与人共事的智慧结晶。撰写它意味着我要感谢的人很多，我要感谢他们对我产生影响，使我能够胜任这项工作。在专业领域，我有幸与一些熠熠生辉的人物共事，他们理解工作在人们生活中的价值和重要性。我要感谢戴维·奥利里（David O'Leary）多年的支持，他是人力资源领域一位真正的领导者，也是我信任的朋友和同事。我还要感谢贝尔纳黛特·惠特克（Bernadette Whitaker）、艾丽西亚·惠特克（Alicia Whitaker）、艾琳·默里（Eileen Murray）、唐·琼斯（Don Jones）、比尔·希金斯（Bill Higgins）、已故的约翰·麦康奈尔（John McConnell）和已故的阿瑟·E.布朗（Arthur E. Brown），感谢他们放心地把人员和项目交给我。

有时候，我觉得把心理治疗师和企业咨询师这两种身份集于一身，实在是勉为其难，但是我那些善于分析的同事们总是帮助我弥合脱节之处，把这两种身份统一起来。我感谢艾伦·格罗斯曼（Alan Grossman）、纳玛·库什尼尔·巴拉什（Naama

Kushnir Barash)、贾尼丝·利伯曼（Janice Lieberman）、已故的劳伦斯·J. 古尔德（Laurence J. Gould）和已故的迈克尔·戴维斯（Michael Davies）。

　　密友们的关切和持续的支持始终让我充满感激。我感谢乔迪·柯林斯（Jodie Collins）每次与我共同创业——包括我们的露西与埃塞尔项目；感谢玛丽·乔·威尔森（Mary Jo Wilson）的坚定领导和奉献精神，以及难以置信的才智和悟性；感谢罗宾·扎雷尔（Robin Zarel）守护我，处处为我留心；感谢鲁思·博洛（Ruth Bollo）善于创造，考虑周到，且秉持坚定不移的信念。我感谢积极授权的贝弗利·库珀·诺伊费尔德（Beverly Cooper Neufeld）、丽贝卡·克鲁兹（Rebecca Cruz）、卡罗尔·海厄特（Carole Hyatt）、琳达·阿道（Linda Ardao）和已故的伊比利亚·阿道（Iberia Ardao）。我也要感谢自己的支持团队，其中伦纳德·舒尔茨（Leonard Schultz）、艾丽斯·斯皮瓦克（Alice Spivak）和比安卡·乔·科尔索（Bianca Jo Corso）是不可或缺的人物。

　　我感谢生命中有L. 格伦·波普尔顿（L. Glenn Poppleton），他对凡是我写的"文字"始终保持浓厚的兴趣。过去几年，我失去了多位挚友，他们曾经希望看到这本书面世：我真挚地怀念阿瑟·施皮格尔曼（Arthur Spiegelman）和罗伯特·内斯比特（Robert Nesbitt）。

　　最重要的，我感谢我的丈夫戴维·阿尔道，他对这本书的贡献数不胜数。我感谢他一贯渊博的学识，感谢他的洞见、创想、支持和没有止境的爱。

　　这本书提到了许多现实生活中发生的真事，为了保护隐私，

献　词

书中的人物和公司要么隐去真实名称，要么杂糅在一起。尽管如此，我本人对所有相关人士心存感激，感谢他们与我分享工作和生活中的故事。这是对我的优待，也是我的荣幸。此外，过去一年，我有幸与一些勇敢的个人和机构打交道，他（它）们以自己的方式，各自在努力提升自己和他人的心理意识。你们知道我指的是谁，谢谢你们，这是一次启发灵感的独特的工作体验，它的时机恰到好处地配合了我的写作任务。

还有阅读这本书的每位读者，谢谢你们谋求打造具有心理意识的职场。

内容简介

为什么以前没有人告诉过我？

人们来上班，不会把心理自我（不管是意识还是无意识的自我）留在家里。工作与自我、自我与他人发生碰撞和相互冲突的情况可谓形形色色。

你也许很了解自己的企业，并且拥有绝妙的创意和一支干劲十足的工作队伍，可是，如果你不知道人们（包括你自己）在走进职场时心里在想什么，那么，你肯定会白费时间和金钱，你的成功也只会局限于最低限度。

当公司的新举措流于失败，领导力不尽如人意，大有前途的个人或者团队业绩不佳，或者精心酝酿的部门项目未能兑现时，我会协助企业或个人查明问题究竟出在哪里，这就是我的本职工作。当出了问题的地方难以解释时，我就要寻找造成问题的隐含的、尚未察觉的心理因素，因为在知觉之外的无意识层面正在发生的事情，往往比表面正在发生的事情更加重要。

我的角色类似于心理侦探，这个角色每每让我有机会亲眼看到，当公司自上而下都在无意识层面开展工作时，企业会承受怎样的痛苦。有人请教西格蒙德·弗洛伊德（Sigmund Freud）："我们怎样才能保持精神健康？"他回答说，我们必须有能力"爱人和工作"。如果你对弗洛伊德的思想有所了解，你就会知道，他说这句话的意思是，我们必须在对意识和无意识变量都有所知觉的前提下"爱人和工作"。

看看下面这些例子。你认为问题出在哪里？

某投资银行的销售交易部从主要竞争对手那里挖来一个王牌交易员。6个月过去了，这位交易员不仅没有获得相应的薪水，当初承诺的奖金彻底泡汤，他还成了原本凝聚力很强的交易团队中一支制造分裂的力量。

某欧洲公司的董事会起用了一位美国CEO，接替了公司按部就班地培养起来的原CEO。美国CEO承诺将为公司注入它所欠缺的现代性。但是这位CEO在上任后的前6个月，却与一家有意接管该欧洲公司的美国公司建立了联盟。

科技公司AlsoRan被它的主要竞争对手OlderBrother打败了，因为后者把一项新技术推向了市场，而多年来AlsoRan的团队一直在考虑把这种技术推向市场。显然，在AlsoRan公司，高层管理者不知道下层的员工在干什么，结果导致错失了良机。

上述三种情形有个共同点，那就是缺乏具有心理意识的领导力。销售交易部的负责人聘请了那位明星交易员，是因为他觉得自己的团队虽然稳定，却没有光彩，不够张扬，太不喜欢冒险。他有个未被察觉的幻想，即通过那位明星交易员，重过一遍自己年轻时的辉煌岁月。但他没有看到明星交易员的自恋和鲁莽，自恋和鲁莽正是明星交易员乐于冒险的原因，可是归根到底，自恋和鲁莽的品质与现代职场是不相宜的。他的团队培养形成的谨慎权衡的文化对部门更为有利。

同样，那家欧洲公司的董事会被自卑感和嫉妒蒙蔽了双眼，他们嫉妒美国公司，美国公司似乎正在垄断市场；结果，他们无意中把狐狸引进了鸡舍。

而在科技公司 AlsoRan 上层注重学术的元老们觉得下层新崛起的技术团队对自己构成了威胁，于是故意破坏了双方原本开放的沟通渠道。而当初招聘年轻的创意团队，目的就是为了提出别出心裁的创意。可是，创意却始终不曾送达上层，让执掌公司的那些所谓"真正的思想者"知晓。

你在想："经营企业不是已经够难了吗，还要操心我看不见的心理现象？"当今时代，担任企业领导很不容易，这几乎是个确凿无疑的事实。随着技术进步和市场全球化，你要一天 24 小时、一周 7 天随时待命。你该怎么参与竞争，怎么应对不断变化的世界市场，怎么管理多元化的工作队伍，怎么不断创新和推出高质量的产品，怎么让监管者、股东和消费者满意？对于你和你的员工，这些问题都是前所未有的压力因素。

但是，不管你是否情愿，当今时代，要经营企业，你就必须同时在工作团队表面下的心理水域航行，避开水下的暗礁险滩。而暗礁险滩比比皆是，比如横冲直撞的自我，它把个人的成功摆在企业的成绩之前；比如隐含的清晰可感的愤怒，它在对公司的政策做出回应时浮出表面；比如经理的不公对待，甚至你本人的高调作秀；比如具有传染性的恐惧，它让人们把大部分时间用来设法保住饭碗，而不是好好工作。现代职场就像一口不可思议的压力锅。在这种情况下，你怎么才能始终盯紧那根越来越难以捉摸的管理之弦？

要了解工作中的人的基本心理原理，并把它们运用到日常管理中。公司**不是**人，但它是由人组成的，对职场互动中表现出来的不完美的人性视而不见是愚蠢的，这种忽视一直都在破坏成功，削弱满意度。

众所周知，弗洛伊德那句话的意思还有，我们必须"**努力**爱人和**努力**工作"。这条忠告的真正重要性在于，我们必须对爱和工作都抱有热情。我们完全知道，与爱相关的问题会给我们造成多么戏剧性的影响，我们不遗余力地想把事情做对。同样，在工作中感到不快乐，没有成就感，也能给我们的生活造成巨大的动荡和伤悲。我们还知道，爱与工作是相互影响的，早在我们去上班并且努力拥有私人生活之前，工作—生活的天平就已经开始摆动。它们是一枚硬币的两面，是生而为人的有机组成部分；但是，非此即彼的平衡是行不通的，必须把爱和工作融为一体。我们必须爱自己所从事的工作。

但现实往往不是这样；人们不喜欢自己所从事的工作。你的工作团队的成员，大部分都在工作中得不到快乐，没有成就感，对此他们不知道怎么办。他们抑郁，焦虑。仅在美国，每年就有2000多万人被诊断患有抑郁症，4000多万人承受着某种形式的焦虑——这还只是主动前去求诊的人数。无法高效地工作既是抑郁和焦虑的原因，反过来又加重了抑郁和焦虑。你知道公司里关于业绩不佳、工作满意度欠缺、流动率等的统计数据吧，它们反映了员工在工作中缺乏积极性，不快乐。是的，有时候人们从事的工作不合自己的心愿，之所以从事这份工作，是由于错误的决定、受到误导的动机或者迫于经济压力等。有时候，人们虽然认为自己拥有梦想中的工作，却还是不快乐。

不过，多数时候，人们在工作中不快乐，是因为他们不能理解职场发生的事情：职场**特有**的无意识的问题、行为、关系和互动会给人造成困难。这些情况让人们觉得没有成就感，它们构成负面的挑战，令人灰心失望，有时候，甚至让上班成为噩梦。这些情况可能触碰到你的底线，对此你不能心存侥幸。

我在职业生涯之初，只是向公司销售并实施"员工帮助计划"（Employee Assistant Program，EAP），想办法对存在心理问题或者滥用药物的员工提供心理援助，因为这些问题不可避免地会影响到他们在职场的表现，比如缺勤、精神不集中和跳槽等。很快，我们考察了公司的其他需求，开始提供额外的服务，比如个人和团队培训、化解冲突以及缓减压力等。反向作用的现象也变得越来越明显：职场发生的事情也会影响到一个人在生活中的表现，并对其造成伤害。如今，EAP 的范围和服务变得更加有局限性，但心理学的潜力却在持续增强，心理学可能为公司和员工提供专注于业务、提高业绩的资讯和干预。

咨询师、培训师和行业大佬撰写的企业自助类图书可谓浩如烟海，他们给出的建议引经据典，旁征博引，有的引述古老的训诫，有的引用最新的研究结果。无疑，这些引述都包含着值得分享的智慧。可是，这些引述中往往缺少基本的经过检验的心理学原理。心理学探讨我们如何思考，如何认识自己，如何与他人互动；这些原理提升我们的意识，并使我们始终保持意识。许多现代的著书立说者在呼吁实行开明领导的时候，往往忽略了佛教和印度教的一条众所周知的观点，即意识是正念（mindfulness）的前提。正念是非常有价值的修习，但是，如果我们不先有意识，就无法正念。

今天，企业和政府中那些最有头脑的领导者，往往也不懂这一知识，或者人们在表述这一知识时，好像它是做不到或者没有吸引力的，所以它不能深入人心，为此我常常感到悲哀。为了变得有意识，你需要了解一些知识，这些知识居然成了我这个行业的机密，这一点很可悲。

这种状况到今天该结束了。我会阐述和说明几条基本的心理真相，它们是我从导师、从先驱者那里学来的，他们把心理学和心理分析的智慧运用到了职场当中；它们也是我从业34年的经验总结，我努力帮助个人和企业明白，人们怎么才能好好工作，怎么才能齐心协力地好好工作。每当我提出这个见解，人们往往做出不约而同的反应："为什么以前没有人告诉过我？"有些领导者愿意听取这条告诫，并在整个公司以及自己的生活中身体力行，结果益处多多，受用不尽。

我会在下面几个章节描述九种最重要的心理现象，它们每天都在降低公司的工作效率，破坏着领导力。关于人和人的行为背后隐含的真相，以及这些心理现象的纠正方法，我会用简单易懂的概念加以阐述。各章内容环环相扣，前后连贯；等你掌握了这九大关键原理和方法，成为具有心理意识的领导者，马上就可以把它们运用到企业当中。

从董事会议室到邮件收发室，人们只要弄懂了这九道难题，并相应地洞悉它们如何在自己的生活中发挥作用，无不感到欣喜得意。这一知识让他们看到，自己此前的反应是正常的，然后他们就能够客观地看待自己，不做评判，并开始改变自己的观念和行为。对心理具有意识的价值是不言自明的。了解自己，了解我们自身的复杂性，了解触动我们的因素，应对他人的怪癖而不受怪癖的影响，注重多元化并最大限度地实现多元化的价值，学会处理他人针对我们的愤怒和我们自己的愤怒，学会增强个人实力并适当地展示自己的实力，积极地应对变化，我们就可以用这些方法增强自身能力，提高职场效率。只要我们学会透过表象看问题，上述结果都是可能实现的。

  人的思维没有附带着操作手册。多年来，心理学家一直在努力构建一份手册，希望其中包含所有必要的指示、程序和准则。通过理论分析和现象观察，还有一些火的洗礼，人们找出了一些持久的心理规律，推断出一些常识法则，我们在这些规律和法则的帮助下有意识地工作。如果具备了企业成功的一切要素——人才、韧性、勤奋、奉献和财务投资，但是没有考虑到人们在无意识层面的意图、举动和行为可能造成的干扰，那么，结果都会是悲剧。假设你主办了一家机构或者学校，管理着一个部门或者协会，开办了一家工厂或者商店，或者提供网上服务——你如果希望自己的业务取得成功，就必须与眼睛看不见的这些东西搭档合作，否则，这些东西会让你吃苦头。

  我们要讨论的内容，有些你会觉得不言自明，有些你可能理解起来有点费劲，需要绞尽脑汁才能领悟。不过这努力是值得的。从自己做起，你就能够培养领导力，并打造形成有意识、警醒而高效的企业文化。

第一章　为什么看似一切顺利时会出问题：隐秘的动机和暗藏的企图

> 我们如今仿佛对着镜子观看，模糊不清；到那时，到那时，就要面对面了。我如今所知道的有限。到那时就全知道，如同主知道我一样。
>
> ——《哥林多前书》13：12

想一想这句话吧。每天，世界各地的人都带着各自的心事走进工作场所：工作压力、对身体的担心、金钱的忧虑、家庭问题、婚恋问题、政治观点等。此类变量纷繁众多，都要加以考虑。不过这些变量都比较容易处理，因为它们通常是人们意识得到的、存在于知觉层面的问题，虽然它们仍会影响到人们的工作，给职场的其他人出难题。

真正难对付的是人们完全没有知觉的、无意识的问题，比如未曾平复的童年创伤和家庭问题，恐惧、焦虑、幻想、驱力、偏见、执念，以及愤怒和内疚等复杂的情感。当你刻意破坏自己为之努力的一件事，比如升职或者达成交易——或者当某人莫名其妙地对你生气时，都是由于背后的心理因素在作祟。你难过，你茫然，因为这种行为不合情理。此类悖理之处才是真正的问题所在。

> **心理原理 1**：人是非理性的，人的不合逻辑的无意识思维每天都带着暗藏的企图走进职场。

这其中也包括你。无意识的企业文化从最高层开始形成。

在 17 和 18 世纪，人类被认为是理性的。你还记得启蒙时代（又叫理性时代）吧？但是过了几百年，人们对人类的理性产生了怀疑，尤其是人类做了大量不合逻辑的事情之后，比如参与野蛮行径，不断地互相宣战等。哲学界频繁地发起关于"无意识思维"的争论。到了 20 世纪初，西格蒙德·弗洛伊德出现，这些思想才被整理归纳，形成了系统的理论，进而奠定了人类心理学的知识基础。

在我们继续探讨之前，我希望你不要一听到弗洛伊德这个名字就翻白眼。[①] 后来又出现了误解弗洛伊德及其学说的新潮流。所以，我们要先花几分钟的时间来正本清源。西格蒙德·弗洛伊德（1856—1939）是一位医生、哲学家和科学家，他提出了心理分析理论。他以创新而独特的方式对当时的思想提出质疑，因此，他被认为是 20 世纪最伟大的思想家之一。他的许多发现如此潜移默化地融入了我们的生活，以至于多数人甚至没有意识到我们受到他的恩惠。我们探讨无意识思维，这件事本身就是拜弗洛伊德所赐。毕加索、达利、希区柯克、斯皮尔伯格和许多其他人都表达过心理分析理论的作用。你也一样，你每次发生口误，每次使用"投射""退行"或者"压抑"这些词，或者想要解释

[①] 为了对弗洛伊德的理论有基本的了解，建议阅读 Calvin S. Hall 的文章 "A Primer of Freudian Psychology"；若想深入了解，可参阅由 Peter Gay 编辑的弗洛伊德读本 *The Freud Reader*。

第一章　为什么看似一切顺利时会出问题：隐秘的动机和暗藏的企图

自己的梦境时，都是心理在发挥作用。

弗洛伊德在维也纳开办过诊所。他在对患者的诊治过程以及丰厚的著述中，对维多利亚时代的性禁忌口诛笔伐。他允许人们公开地、不带羞耻地谈论性，把性看作人类体验的重要组成部分。他强调无意识，他对人的动机、儿童的心理需求、社会问题比如犯罪行为以及我们生活的其他方面提出了全新的理解。

弗洛伊德的某些假说虽然未能经得起省察，他总体的心理分析理论却改变了我们思考问题的方式。看到现代的心理分析理论，他也许会觉得面目全非，因为该理论已经发展成了更具当代性的关系模型，包含了后现代元素、复杂性和女性主义理论等，并仍在继续演变。就连关于大脑工作原理的神经学的最新发现，也与心理分析的原理并行不悖，并且证实了心理分析的原理。在对工作和生活中那些莫名其妙的事情给出解释时，这些原理始终是无可匹敌的，因此它们构成了这本书的基础。

按照心理分析理论，人的行为是非理性的，因为我们受到意识思维很难掌控的无意识动机的驱策。我们把无意识动机排除在意识知觉之外，是因为我们觉得，它们让人感到羞耻、可怕或者危险。冲动、感受、恐惧、动机和欲望等等，都源自我们自身，源自我们的童年经历、生活事件以及我们与他人的交往互动。用不着弗洛伊德来告诉你，这些心理现象是什么样。有些女人经常诉苦，说自己总是跟某一类错误的男人约会；可是她始终没有意识到，她自己为什么总是做出那样的选择。有些男人下决心不再对孩子大吼大叫，可是在孩子淘气时，却总是控制不住火气。这样的事情还少吗？

人们在一起工作时，每位员工内心深处那些没有得到认可的问题都会表现出来。这些内心的因素与别人的内心因素相互作用，与职场外在的、现实的要求相互作用，比如效率、竞争、时间期限、盈亏、市场战略和创新等。内心与外部存在诸多重叠，内心的问题与外部要求相互作用的方式无穷无尽，企业的现实状况则会刺激或者加剧个人的反应。

在大大小小的公司，本不该出问题的事情却出了问题，原因就在这里。表面上一切迹象都预示着成功，不料这时却发生了极其糟糕的事情。有时候，导致项目失败或者个人业绩下滑的原因并不是那么一目了然。未知的心理因素可能对领导力、团队和个人造成负面影响。未被察觉的原因可能导致整个计划流于失败，除非深入挖掘工作团队的"无意识"动机，才能揭开这些原因。我亲眼见过很多部门甚至整个公司由于未被认可的无意识的企图而导致失败，而不是走向成功。

很不可思议，对不对？在我这个行业，人们最常说的一句话也许就是："这些事情是编不出来的！"我不会编造案例和故事来说明要点，虽然我会做充分的伪装，以保护下列案例和故事中的个人和企业客户。如果你对无意识心理如何在职场发挥作用不太熟悉，你也许会觉得，你读到的故事就像小说。下面是个很好的例子。

彻底失败的门户网站

有人找到我，请我为"全球美国品牌公司"（Global American Brands Company，GAB）提供咨询。该公司的管理层花了三年时间，投入200万美元，想建一个门户网站，用来增加全球市场的

第一章 为什么看似一切顺利时会出问题：隐秘的动机和暗藏的企图

订单并提升公司业绩，促进销售和财务交易。他们请我解答的问题是："门户网站在哪里？"

GAB 是亚历山大的爷爷在 20 世纪初创办的。当年，爷爷发现，他可以把自制的治疗烧伤的配方销售给外部市场。"烧伤药膏"和"无痛乳膏"在美国成了家喻户晓的品牌。前 15 年，市场需求一直很旺盛。到了 20 世纪 80 年代，产品的销量达到有史以来的最低点时，亚历山大二世开始把同样用草药和有机成分制成的其他美国产品销往外国。他是创始人的儿子，前 CEO，现已过世。企业稳步发展，成为一家市值达数百万美元的公司。三年前，公司做了个勇敢的决定，打算取消中间商，采用只在网上销售的模式。

GAB 的一个问题是，它用来管理生产和存货、与卖方的销售交易、客户订单和满意度的网络及系统陈旧不堪。GAB 本来能够再创佳绩，可是，由于这个低效而过时的网站，公司反而在赔钱。在考察了工作流程，并与主要相关方进行过广泛的访谈之后，情况变得明朗，无意识的动机和企图，导致了这个网站彻底失败。事情是这样的：

现任 CEO 亚历山大三世在人生的某个阶段继承了这家企业，因为他认识到，他无法从事自己选择的股票经纪人的职业。过去 20 年，他一直驾驭着 GAB 这匹不羁的野马。GAB 在祖父和父亲的执掌下取得了出乎意料的巨大成功。但亚历山大三世不是胜任的领导者，他承受着自尊很低、缺乏自信的痛苦。每当有人提出门户网站的问题，他就翻翻眼珠，表示这件事让他焦头烂额。他最不情愿的事情就是把公司经营得更加成功。

对于亚历山大来说，幸运的是，二号人物马丁承担了管理

GAB 的主要责任。马丁是销售总监，也是指定的接班人。马丁接到了建立门户网站的任务；网站失败，他的挫折感最大。他痛恨亚历山大的领导力低下。他自己身心疲惫，希望亚历山大早点而不是晚点退休。他爱讲一个老笑话。两个高尔夫球手在球场打球，一个球手被闪电击中，死了。回到俱乐部，朋友们对活下来的球手说："那岂不是太糟糕了？"他回答说："那还用说！一整天就是击球，拖哈里，击球，拖哈里。"但是马丁讲这个故事的时候，把那个倒霉的高尔夫球手的名字换成了亚历山大。我们可以猜到，马丁对门户网站的心理有多矛盾。门户网站如果建成，将成为亚历山大的骄傲，成为他帽子上一根华丽的羽毛，也许会促使他延迟退休。

亚历山大聘请了一位名叫彼得的 IT 咨询师处理其他事务。彼得是亚历山大自恋人格的影子，他对彼得越来越赏识，甚至于给彼得授予了技术信息建筑师的头衔。尼克对此很不满意。过去 13 年，尼克一直是 GAB 的技术总监。实际上，尼克正是 GAB 目前的网站和网络模型的缔造者。

好戏开场了。彼得想把微软的 SharePoint 技术用于本公司的门户网站，这样他就可以成为与微软的联络人，实现他在微软谋得一个职位的幻想。但是尼克决心继续使用自己的 PeopleSoft 技术，维持他与甲骨文的关系。尼克和他的团队继续悄悄地建设 PeopleSoft 技术模型，希望借此反败为胜，并极力阻挠公司与微软的合作。接下来发生的戏剧性事件和部门领导之间的仇恨，使他们什么也做不了。各部门甚至没有对 IT 部门提出要求，以解决一些具体问题，实施一些举措。

这个门户网站项目成了引发暴风雨的绝好契机，每个员工都

第一章　为什么看似一切顺利时会出问题：隐秘的动机和暗藏的企图

在事件中用行动表现出了自己无意识的冲动、仇恨、愤怒的感觉和私心杂念。亚历山大始终没有成为他父亲心目中的儿子。他紧张焦虑，缺乏安全感，希望GAB自行爆炸，这样他就可以摆脱它，摆脱父亲的阴魂。父亲曾经功成名就，对亚历山大的一切评头品足。团队成员各自受到矛盾情感的驱使，他们在无意识中受到鼓动，要使这个门户网站项目失败。是的，这不合情理，因为门户网站本来会使GAB赚得更高的利润，他们的工作将更加轻松，更加高效。可是，理性显然无法抗衡强大的无意识动机和企图，无意识的动机和企图造成了一种氛围，那就是破坏门户网站项目的成功、破坏GAB公司的成功。

为什么具有意识很重要

　　我经常被请去介入类似的场景。可惜，多数时候，我介入时，重大的破坏已经造成。一切看似都在既定的轨道，不料却出了问题。我查明问题出在哪里之后，就会劝说相关的责任人，告诉他们，他们一直在寻找问题，却找错了地方。然后我们才能开始控制损失、补救和重建。我经常为破坏所造成的时间、人才、人心、金钱的损失而感到悲伤。

　　你一定要了解无意识思维的威力并对它保持知觉：你自己、为你工作和与你共事的每个人的无意识思维。很简单，你的企业是由每位员工、当然还有你自己隐秘的感觉、恐惧、欲望、需求、动机和抱负构建的。

　　你愿意让这些心理因素肆意妄为吗？隐秘的动机和暗藏的企图是威胁成功的定时炸弹。唯一的解决办法是"把无意识提升为意识"。这是我们加强理性自我的方式。我们要知晓关于自己、关于我们与之互动的他人的全部故事。

不妨这样想。这就好比在剧场里，总是有两场演出在同时上演。你坐在座位上观看的演出，在你面前的舞台上进行；幕布后面的后台上，同时在上演着另一场演出。你看到的只是故事的一半。你看不到演员的幕后生活，幕后生活才是你看到的演出剧目和它为什么上演的原因。有了这个视角，你遇到出乎意料的事情就不会措手不及，你就能够指引别人朝向你希望实现的目标采取行动。

怎么才能做到这样呢？第一步是你要明白，你的眼睛所见不一定是你以为的那样。你要相信，企业具有无意识思维，你要随时随地留心它。

背后隐藏着什么

你也许感到纳闷，为什么没有人告诉过你，企业具有无意识的生命，它可能在每个拐角处破坏成功。这基本上是因为多数企业理论家和咨询师都对这个问题视而不见。

第二次世界大战以后，20世纪50年代，许多国家和企业都对无意识发生了兴趣，因为在战争期间目睹和经历的一切让人们冷静下来，想要更多地了解隐藏在人类心灵深处的东西。心理学家如我的导师哈里·莱文森等，开始把心理学和心理分析的原理运用到现代职场中。由于这种对无意识心理所产生影响的关注，人们对一些问题加深了理解，比如人们怎样工作，企业怎样蓬勃发展，领导力怎样取得成功。

第一章 为什么看似一切顺利时会出问题：隐秘的动机和暗藏的企图

不过，与此同时，特别是在美国，行为心理学家则致力于研究与之相对的问题，即对意识思维及其流程的认识和理解。他们把关注点放在通过改变行为来解决问题上。他们强调可解释和可测量的改变，这一点对企业管理者具有吸引力，因为企业管理者对他们能够看到、能够掌控的事物有一种偏好。你学到的关于工作中的人的知识，可能都是出于这种研究取向。并不是基于行为的心理学理论和干预未能产生有价值的知识，问题在于，这种知识只是其中的一部分。我们的知识钟摆向一边偏得太厉害，致使我们失去了智慧，而智慧能够理解无意识的影响之深。

造就我们的各种生命事件，来自主观体验的、让我们不舒服或者感到威胁的事物，都属于无意识思维。它具有持久的控制力和强大的影响力。当你感到困惑，不知如何处理别人的竞争而非合作的需求时，当你不知道该怎么激励一支只从单方面看待问题的团队努力完成企业希望达成的目标时，当你遇到其他"陷入僵局"的情况而产生类似的挫败感时，你就要把关注点放在人们的无意识思维上。如果你想更加深入地了解自己，了解企业，提前预防在无意识的职场发生灾难，那么，你就必须让钟摆回到中间，我们的思考也必须同时包含两种视角。

此外，在处理问题时，我们习惯于把关注点过多地放在行为上，结果导致我们越来越注重行动，而内省不够，因此洞察也不够。每隔几年，管理咨询师就来造访公司，向公司推销一些新的可执行的举措——重组、精简、权力下放、全球外包等。这些举措是每次都有必要吗？人们是否用心思考和探究过实行这些新举措（有时是激进变革）的原因，以及新举措将向员工——以及市场传达的意义？行业的"最佳实践"往往不太容易复制，对某些企业甚至并不可取，难道不是这样吗？我在一些企业担任顾问的时间已经足够长。若干年前，我见证了这些企业听从风行一时的管理大师的建议，对部门和业务迅速进行重组。我甚至见过有些部门裁员以后重新招聘，结果，有时，空缺职位被当初裁掉的一些人重新填满。

此种情况有时必然发生，有时不会发生。身为领导者，你必须警惕为了行动而行动——先放一枪，然后再提出问题。这种举动是逻辑错误的结果，会导向糟糕的决策。个人和企业的理性思维只能通过应对无意识的问题来加强，而不能假装问题不存在。对后台正在上演的戏剧视而不见，这种态度无异于公然招引悖理悖情的行为进入我们的生活。

如果不做反思和内省，非理性就会保持在地下状态，并一天天成长壮大。非理性会导致归因错误。归因错误可能造成明显的失败，比如灾难性的合并和失败的产品；在职场每天发生的许多习以为常的惯例和实践中，归因错误也随处可见，而人们对此完全没有知觉。很多时候，有些造成麻烦、降低效率的情况，正是由于人们遵守了也许是你本人所发布的命令，比如削减开支、系统问责等；或者是你听从顾问建议的结果，顾问向你推销风靡一时的新方法，你觉得是个好主意，便马上在公司实行。

怎么清醒过来

要想具有意识，你就必须变得清醒，并保持清醒，对没有上升到意识层面的企业实践保持警觉。你的企业正在发生什么？要想诚实地面对这个问题，你一定要让员工真正懂得自己做每件事

第一章 为什么看似一切顺利时会出问题：隐秘的动机和暗藏的企图

的道理所在。他们做某件事，不应该是因为"我们向来是这么做的"，或者因为HQ（总部）或大老板这么吩咐过，或者因为这是我们花500万美元聘请的顾问提出的主意，业内的所有其他人也都在这么做。做某件事，应该是出于经过深思熟虑的、意识层面的理由，否则这件事就根本不该做。如果你不教导团队知其所以然，不教导他们多问几个为什么，那么，你就不可能拥有一支具有意识的工作团队，在这个问题上，你自己尤其要做出表率。你知道这是为什么吗？

原因就在于，要想变得清醒和具有知觉，还需具备第二个要素，即你一定要给出反馈并获取反馈。企业需要能够发挥作用的制度。在这种制度下，各级员工都可以对什么管用、什么不管用发表自己的意见，而不必害怕遭到报复。如今，员工敬业度调查很流行，公司用它来获取员工的反馈信息，可是，调查结果却常常被用来惩罚因存在缺点而不受欢迎的部门，而不是力图查清为什么存在缺点。这类调查应该允许员工自由地表达关切，提出建议，否则，公司就会错失让员工真正敬业的机会。

对于你觉得没有意义的制度、政策或流程，你自己（或者通过训练有素的、可信赖的副手）也必须愿意给出反馈。如果你有勇气提出"蠢"问题，你就会成为精明而深受信赖的领导者。为什么，用来做什么，为什么不，这些问题必须成为你的词汇中的活跃用语。不管你是创办了公司，还是多年领导同一家公司或者同一个部门，又或者继承了目前这家公司，这一条都是适用的。

害怕提出问题会暴露自己的弱点，或者暴露自己不懂某个问题，这是领导者可能掉入的一个心理陷阱，会对他提升意识造成妨碍。我这里有意使用指代男性的"他"，是因为我合作过的许多男性高级管理人员，尤其害怕暴露自己的弱点。多数文化都要求男人在哪怕不懂的时候也要做出很懂的样子。相比起来，女性由于在生理上与男性的天然差异和在社会政治史上受到局限的地位，所以对不确定性形成了较高的舒适度。在公司和政府中，我们寻找果断的、积极采取行动的男人（有时候是女人）来领导发起冲锋，但他们的无意识行为可能造成灾难性的后果——从战争到金融动荡等。

努力保持心理意识的领导者要做的工作是，坦然接受自己的不懂，花时间了解造成某种情况的意识和无意识因素，了解每位相关人士的动机，包括你自己，并向合适的人提出合适的问题，思考和决定（如果有的话）必须采取哪些行动。这种态度并不是一贯流行。这种深思熟虑的作风也许让人灰心，尤其是让那些等待指引的人灰心，但是，在20世纪相互关联的世界，最简单的行动也可能造成深远的全球后果，所以这是必须具备的领导力。

保持清醒意味着你要调动所有的感觉器官去吸收信息。谈到无意识，你必须密切留心，尤其要多用眼睛和耳朵，不过我也能想到无数的例子，说明鼻子也可以发挥作用。就在上周，我去协助解决一个团队不合的问题。老板不明白，为什么最有创新精神的一个人，我们姑且叫他约翰吧，他的创意从来不曾被团队采纳和扩充。通过面谈和观察，我注意到两点：年长的团队成员说每句话都用"我们"而不是"我"开头。比如，"我们不觉得他的提案经过了详细的调研。"这加强一种排斥感，约翰感觉到了，进而产生消极行为。我观察到的第二点是，约翰在开会时喷了甜腻的古龙香水。他总会以一种或另一种方式被人注意到，但这无法拉近他与大家的关系，因为老板看重他，大家已经在与他保持

第一章 为什么看似一切顺利时会出问题：隐秘的动机和暗藏的企图

距离。

你闻到的味道偶尔能向你透露一些什么。如果你认真倾听，你听到的内容则一定会告诉你一些信息。今天，关于积极倾听的重要性，人们有那么多讨论，原因就在这里。积极倾听意味着你认真注意你听到的话，而不是只顾考虑自己要说的话。年长的团队成员用"我们"开头，我指出这个特点时，他们都感到吃惊和尴尬，因为他们此前没有意识到，这个词暴露了他们对约翰的真实想法："我们"反对他。老板也没有注意到这个特点。你不仅要听对方说话，听说话的内容，你还要听到他们的感觉，听他们话语背后的真正意思。我鼓励你培养自己形成这种才能。

说到"视而不见"，我的脑海里马上浮现出一件事。有一次，我在西南地区的一家博物馆做咨询。我介入调查几件价值连城的印第安手工艺品和图书失窃事件，馆长同时还让我参与另外一件事。他刚刚在图书馆安装了监视器，监视器正对着一只上锁的玻璃柜，玻璃柜里藏有克奇纳神玩偶，旁边没有上锁的书架上摆放着贵重图书。

但监视器也能看到在该部门办公桌前工作的女员工的一举一动。她们很生气，觉得自己的隐私受到了侵犯。而且，她们是印第安人。她们觉得博物馆的管理层利用印第安文化为自己谋利。管理层主要由来自东北部大学的白人男性组成。双方长期关系紧张。所以，监视器是个敏感问题，成了一个考验，新任馆长觉得自己必须经受住这次考验。

我去图书馆与两位印第安妇女面谈，她们把新安装的价值5000美元的监视器指给我看。可是，在这两位女士和监视器前面，有一位保安，他坐在桌前，桌子正对着藏有贵重物品的墙壁。我向两位女士了解这名保安的情况。她们告诉我，他不是新来的，事实是，他一直坐在那里。我很是不解。盗窃怎么可能在保安的眼皮底下发生呢？莫非他是内应？

我找到了负责安保事务的人，他答应带我去找保安谈谈。我们走到保安所在的桌子跟前。我看到玻璃柜的钥匙就挂在桌子一侧，一眼就能看到。啊，问题出在这里，我心里想。但是我们走得更近一点，接下来看到的情景让我惊呆了。保安是个盲人！我意识到，这个被雇来保护手工艺品的人，甚至看不见工艺品的存在。我问安保负责人，这是怎么回事。他气呼呼地回答说："我雇他的时候，他的眼睛还没瞎！"

这位保安似乎是渐渐失去了视力，现在则彻底失明。他基本上整天坐在桌子前面，**靠耳朵来听**有没有盗窃行为发生。我把这个情况告诉馆长，他和我一样惊讶。原来，前任馆长过于害怕与印第安人发生冲突，担心负面的公众舆论，他不肯解雇任何一个人，所以，保安始终留在那个岗位上。

还记得我前面说过的话吗："这些事情是编不出来的。"虽然这个故事听起来诙谐有趣，可是，现在存在一个隐含的必须加以处理的问题。印第安人不信任管理层，他们感到权利被剥夺，这是新馆长必须解决的第一个问题。假如他没有请我与那两位妇女谈话，我不知道要再过多久，他才能知晓保安的情况，馆长与印第安人的紧张关系又可能发展到怎样严重而荒唐的地步。

想到企业的总体情况时，你心里想到的目前的主要问题是什么？你的员工关心的是同样的问题吗？为了应对美国此次的次债危机，政府推行了"受困资产援助项目"（Troubled Asset Relief Program，TARP），购买金融机构的股权和资产，防止金融机构

第一章 为什么看似一切顺利时会出问题：隐秘的动机和暗藏的企图

倒闭并对美国经济产生后续影响。TARP 资金实质上被看作是贷款。过去几年里，获得 TARP 资金的公司专注于偿还这些资金，这是所有员工放在心上的头等大事——至少公司 CEO 是这样说的。但是如果你与这些机构的员工聊一聊，就会发现，偿还政府资金的压力导致了削减开支和裁员，这压力有着完全不同的意味，那就是："我会不会丢掉饭碗？"

许多人确实丢掉了饭碗。其他人则在勉力做着不可能的事情，在常规角色与突然承担的额外角色之间疲于奔波和周旋。保住饭碗的许多人把"掩人耳目"的艺术发挥到了极致，为了保住职位，他们还要"掩盖做错了的事"（CYA，cover your ass，不雅的俗语）。

人们忙于保住饭碗，以至于没有足够的时间来做工作。领导者向我诉说部门普遍的效率低下和磨洋工，我向他指出，公司里弥漫的氛围是谨小慎微、战战兢兢。同样，领导者的反应是吃惊和不相信。因为他们既不曾用眼睛看，也不曾用耳朵听。

在评估和诊断企业存在的问题时，哈里·莱文森会向员工提出几个问题。其中一个问题是："如果你所在的公司是一种动物，它是哪一种动物？"我常常用这个问题来了解人们对自己工作场所的大致感受，这种感受他们也许有所意识，也许没有意识。几年前，在一家有声望的时尚公司，一位女高管对这个问题给出的回答是："我当年刚来这里上班时，我认为，我觉得这地方像一只漂亮的、毛色光洁的黑猫，它总是自信、冷傲、独立、受人嫉妒。现在，在跟那么多自大狂和虚假的东西打过交道以后，我看到它根本不是一只猫，而是一只豹子，它如果突然扑过来，你就完蛋了。"这让我了解到她对公司的不满，以及为什么她的新同事认为她感到厌倦，偏执多疑。

一位会计师对我说，他所在的公司显然是一只海狸，勤奋，谨慎。一位投资银行家形容他所在的积极进取的集团是一只母狮子，它自信、稳步地追踪猎物，等待最后时刻的出击。那么，假如你的公司是一种动物，它是什么动物呢？你希望它是什么动物？你的直接下属怎么看？去问问他们吧。

现在你明白了第一个心理真相——公司具有无意识的生命——要想消除这种无意识生活对企业的影响，就要把无意识提升到意识层面，建立一种具有意识知觉的企业文化。你可以用几个办法清醒地认识到这个真相，我们来总结一下：

1. 要接受企业具有无意识的生命。
2. 要清醒过来，要警觉地寻找帘幕后面的东西。记住，你眼见的不一定是你以为的那样。
3. 要学会深度倾听。
4. 行动之前要先思考。
5. 要坦然接受自己的不懂。
6. 要问几个"为什么"，哪怕这让你觉得自己很脆弱。
7. 允许别人问"为什么"，不要报复。
8. 要在诚实的对话中给出反馈；再说一遍，上级与下级、下级与上级、同级之间要保持自由的双向交流，没有报复。
9. 想一想你希望自己的公司是哪一种动物。

心理学家乔治·克莱恩（George Klein）常说，没有意识的是思想者，而不是思想（Leffert, 2010）。如果我们希望凭借对现实的清醒认识和实事求是的远景展望领导公司和国家，如果我们努力想要变得有心、用心，明察秋毫，那么，一句话，我们

第一章 为什么看似一切顺利时会出问题：隐秘的动机和暗藏的企图

自己就必须首先具有心理意识。你必须处处留心企业的情况，搜寻非理性的根源，把它们加以转变；而无意识的、不合逻辑的混乱局面最重要的根源，也许正是你自己。我们来看看是不是这样。

第二章　领导者不知道自己的最大弱点时：未知的弱点会造成伤害

> 我们所保留的一些东西使我们软弱，直到我们发现那是我们自己。
>
> ——罗伯特·弗罗斯特（Robert Frost）

现在，你已经看到了无意识思维发挥作用时的威力，你知道你在用什么束缚自己吗？你对自己了解多少？你最大的弱点是什么？哪些你没有察觉到的东西可能会影响你的判断，限制你的眼界，摧毁你的志向，冲击你的婚恋关系，削弱你的自信和满足感？别人了解你的这个弱点，而你自己却浑然不觉，是这样吗？未知的弱点会对你造成伤害，原因就在这里。

企业客户请我开展管理教练，有个最常见的原因是，该企业客户的表现"缺乏自知之明"。这句话可以换一种表达方式，那就是心理原理2：自我欺骗是领导者的最大陷阱。为了避免幻想和自欺，领导者必须坦然地接受自我认知，听取他人对自己的看法。怎么才能保证让自己做到这一点？

> **心理原理2**：自我欺骗是领导者的最大陷阱。

第二章 领导者不知道自己的最大弱点时：未知的弱点会造成伤害

首先，你要深刻地探究你的过去、你的生活和工作体验——它们在很大程度上造就了现在的你——老老实实地回答关于你自己的多个问题。但是在开始之前，你必须好好想一想，你是否太过自我防御或者自我保护，做不到那么诚实。许多人都是这样。毕竟，这里的前提是，你的无意识思维中埋藏着一些信息，你一直不肯让意识的自我知晓它们，因为意识到自己会为它们感到羞耻，不舒服，或者觉得危险。人们经常聘请指导者对自己进行深刻剖析，比如教练或者治疗师，原因就在这里。

但是，就此刻而言，你要独自上路。你可以请几位你所信赖的朋友或者同事帮忙，他们要内心足够强大，会跟你说实话，而不光是会说一些你想听的话。我在附录中包括了一份自我教练评估问卷。在工作中，我也请接受教练的客户回答这份问卷。它可以帮助他们更加全面地看待自己。我们来看看它会对你产生怎样的触动。

你背负着什么？

你不是从真空中来到这个世界。你有自己的过往，你的过往伴随着你，让你形成了对世界的看法。你的家庭有过怎样的故事？你的先辈和亲朋友好中，是否出过多位成功、勇敢或者有才华的人物？你是否感觉到，他们的荣誉和期待对你的事业构成了压力？也许是你的父母让你感到压力。他们在你心目中的形象非常高大，你非常看重他们的评价。如果你是被收养的，那么，也许是你对亲生父母一无所知，这一点对你会有影响。

也许你是家里第一个上大学的孩子，并且在职业和经济上取得了成功。我曾经认识一个人叫杰克，他的父母是大屠杀幸存者。如同幸存者二代常见的情形，他把这个世界看作一个危机四伏的地方，安全和财富时刻处于危险之中。当时我应邀去一家金融机构给一群交易员做咨询，杰克是其中的一名交易员。这些人陷入了麻烦，因为他们粗野、愤怒，虐待与他们共事的女性。每个人的不当行为背后都有自己的理由。杰克是这伙人的头目，他的内心深处满怀愤懑。我很快发现，愤怒是他对父母表现出来的恐惧和无助的防御，他每天都背负着父母对自己造成的影响。不管他后来变得多么成功或者积累了多少财富，他的心中始终感到害怕。

一天，我鼓励他深入挖掘自己的非理性行为，结果他失声痛哭起来，向我说出了他感到羞耻的秘密。他在康涅狄格州的家又大又漂亮，车库里停着一辆旧的客货两用车，汽车后座上有被褥和一箱子衣物及现金，他随时准备万一哪天灾难降临，可以马上逃跑。表面看来，杰克的生活完全不同于他的父母，但他活在自己设想的监狱里。内心深处，他认同父母的痛苦和屈辱，他的愤怒心理给他的职业和私人生活造成了伤害。

我们都背负着心灵的包袱，这些包袱早已不再适用于我们的生活，但我们却表现得好像它们依然适用：父母、学校老师、朋友、同学的记忆，伤害、难堪和让我们害怕的话语和事件。弗洛伊德1909年在美国发表过一次演讲。他讲了一个故事，这个故事生动地说明了记忆对神经症所起的作用。伦敦有个传说，国王爱德华一世深爱着妻子、王后埃莉诺。埃莉诺去世后，在送葬队伍沿途经过的每个驿站，爱德华一世都竖起了华丽的石头十字架。民间传说认为，"charing"（查令）这个词是从"Chère

Reine"（意思是"亲爱的王后"）来的，后来，那条街道就演变成了查令十字街，那里至今依然竖立着一块原来的十字架的复制品。弗洛伊德说，神经症就好比今天还有人站在查令十字街的角落，为女王去世而伤心哭泣。这个人做出的反应受到很久以前在遥远地方发生的事情牵引，而那件事与他现在的生活毫不相干。

当我们对某件早已不再与我们的生活相关的事情做出反应，就好像它发生在此时此刻时，我们就在心理上承受着痛苦。但是如果我们不懂这一点，不知道自己在无意识中仍然牢牢地抓着什么东西，我们就会听任无意识的需求和作用力指引现在的生活。这就是把无意识提升到意识层面的重要性——这样，我们就能够真正清醒过来，对我们身处的现实保持警觉。

有哪些事物是来自过去的，但是你现在仍然对之做出反应？怎样的伤害、不公或者愤怒使你无法释怀？这些无意识的记忆可能怎样影响到你的选择和行为？哪些没有被认可的态度、偏见、恐惧或者愤恨，对你产生了负面作用？你用什么样的借口和物品与过去保持距离，定义和保护自己？你仍然背负着怎样的查令十字架？不自欺的真正的自我认知可以给人力量，而缺乏自我认知就是自我欺骗，它会让你在别人面前处于无助和脆弱的地位。这里有个吓人的例子。

自恋的错觉是成功的障碍

加布里埃尔·马科斯（Gabriel Marcus）自称人生赢家。他34岁时带领他创办的第一家公司跨证券（TranSecurities）上了市，这是硅谷时代之前的事。他创办了一家金融交易公司，为华尔街的主要玩家提供服务。渐渐地，他开始收购别的公司，扩大了自己公司的投资组合。他的公司是行业内最早把工作外包给别国的公司，外包降低了成本，创造了更多利润。

他在收购别的公司时，每每尽可能地保留原公司的CEO，使之成为他的管理团队的成员。这些CEO通常是他所收购公司的创始人，他们全心全意地致力于公司的持续成功。为了防止他们三心二意，加布里埃尔就把他们的薪酬与参与度和业绩挂钩。很快，这些人就意识到，他们舍弃原先的独立性，换来的是加布里埃尔的奴役——他的情绪反复无常，管理作风出尔反尔。

加布里埃尔对待管理层的成员，好像他们是被他征服的国家。他把持一切权力，并且表现得明目张胆。每次到了支付买断费的时候，他们从来不知道他会不会拖到法律允许的最后一天，或者干脆错过最后期限。如果有人对此表示不满或者威胁起诉他，他就提醒他们，他口袋里有的是钱，他的律师团队会无限期地拖延庭审——并且提醒他们，这样的案例不是没有过。

加布里埃尔具有施虐和掌控的需求，这种需求的根源在于他童年时与恃强凌弱的继父的关系。继父事业成功，却残酷无情，控制欲极强。加布里埃尔无意识地认同继父的权力和残酷，把它们作为对他童年时脆弱感的防御。为了永远不要再处于受害者的角色，他自己成了恃强凌弱者。

后来发生的事情是，他的团队想出各种方法忍受他的奴役，多数时候，他们只做到刚好完成财务指标，绝不超过这个指标；他们不肯努力建立全盘的组织框架，而是把关注点缩到最小，只关心自己的业务；他们与外面的公司建立联盟，打算自己一旦获得自由就弃暗投明。他们忍受加布里埃尔强制要求出席的晚

第二章　领导者不知道自己的最大弱点时：未知的弱点会造成伤害

宴、运动会和慈善活动，私底下加布里埃尔则成了他们戏谑的笑柄。

显然，加布里埃尔的极端自恋妨碍他真正成为自己心目中的领导者。他不与其他领导者分享权力，挫伤了他们的积极性，他们只是在耗时间，等待离职的一天。因为加布里埃尔最初的业务继续取得财务成功，他继续认为自己是超级明星。可是，他身边的每个人，包括他的四个孩子和三任前妻都不这样认为，他们强调的是，如果他不是那个样子，本来可以成为什么样。

我是从雅各布·哈默（Jacob Hammer）那里知道了加布里埃尔·马科斯的故事。雅各布是金融界一位受到尊敬的企业家，也是跨证券董事会的一名早期成员。他告诉我，人们曾经对加布里埃尔持续取得成功抱有很高的希望，但是随着时间推移，很显然，"加布里埃尔的自我取代了他的判断力"，这是雅各布的原话。雅各布后来终于辞去了董事职务，但是直到他与足够多的前员工谈过话，才了解到加布里埃尔·马科斯的真相。他很失望，觉得自己遭到了加布里埃尔的背叛。他曾经想请一位教练协助加布里埃尔，可是加布里埃尔拒绝了这个提议。其他董事出于各自的理由，都不肯正面对抗加布里埃尔，雅各布别无选择，只能离开。

加布里埃尔的最大弱点是他的自恋人格和发起报复的无意识需求，他想抹去童年时期曾经感觉到的强烈耻辱。内心的戏剧在他没有知觉的情况下展开，影响到了他生活的方方面面。加布里埃尔取得的成功让他自以为比别人聪明，可是，这成功与他本来具有的潜力相比是很小的，假如他能够控制自己，控制他的行为，他的成功将不可限量。

你的心理房间

有一点应该很清楚，要想成为一名具有心理意识的领导者，把你自己的心理房间收拾得井然有序是至关重要的。多数人一辈子受困于相同的问题无法释怀。你必须知道，你有哪些心理症结，怎么应对。在承受压力时，原来的习惯、恐惧和焦虑会重新浮出水面，你必须知道怎么把它们压下去。我曾经认识一名获得奥斯卡奖的女演员，她每次扮演一个新角色，心里都会想，人们马上会看出来她根本不会表演，用她自己的话，除非她"劝说自己打消这个念头，进入角色，把来自过去的魔鬼压服"。

随着你取得越来越大的成功，你遇到了哪些新问题？很多时候，人们把害怕成功误以为是害怕失败。如果你远比你的父母、兄弟姐妹或者配偶成功，你也许会无意识地产生负罪感，害怕如果你攀升得太高，你将不再被爱。有时候，你也许会过于慷慨地把你的成就所带来的报酬分发给大家，想以此消除别人的嫉妒心。更加消极的做法是，人们用毒品、酒精或者滥交来自我毁灭，阻挠自己取得更大的成功。

有时候，成功的领导者难以接受自己取得了如此之大的成就。今天，我们大量谈论职场中像加布里埃尔·马科斯这样的自恋人格，以及他们多么为自己感到得意。但是实际上，这样的人内心深处非常缺乏安全感。他们缺乏真正的自我感觉，所以他们创造了一个虚假的自我，一个理想化的版本——富有，精明，强大。他们常常是了不起的行动者，具有人格魅力，但他们是假装的，或者像那句名言所说，"那里空无一物"。他们总是在掩饰自

第二章 领导者不知道自己的最大弱点时：未知的弱点会造成伤害

我价值的深刻缺失。所以，他们受到驱策，要不断地取得成功，可是，他们就像存不住水的漏网，金钱和成功都无法充实他们的内心。

要留意你自己的自恋倾向。在这个问题上，你是什么情况？

谁在领导你的工作团队——是虚假的自我还是真正的自我？

你是不是经常觉得缺乏安全感，需要员工不断地肯定和安慰？我认识一位人力资源负责人，她完全缺乏自信，以至于要求直接下属无条件地忠诚于她。有些喜欢勾心斗角的人识破了这一点，就故意编造她的下属背叛她的例子，为保护自己的利益出卖同事。这样的性格弱点在别人看来十分明显，他们会利用它为自己谋利。

人们怎么议论你？

如果你的盔甲上有一道裂缝，你的追随者会发现它。下面几个办法可以让你自己首先发现盔甲上的裂缝。

就你记忆所及，回到你初入职场的头几年，回想一下老板对你的业绩评定。里面提到了你的哪些行为需要改进？给你提出了哪些建议？你是否听从了建议？也许这些行为仍然需要引起你的注意。只不过现在，也许不再有人向你提到它们了。

你现在得到的反馈是什么？团队认为你是缺乏同理心，还是善于倾听？他们是否觉得你待人有所保留，不能真正与人产生共鸣？

人们怎样议论你的故事？你有没有出现过愤怒发作的事件？你的脾气怎么样？什么事能惹得你发脾气？

你有没有向员工表达过自己对企业的展望，这个展望不是只跟你自己有关？

他们忠诚于你，是因为他们受到了鼓舞，还是因为他们害怕你？

他们是不是信任你，把自己的生活和家人的未来交给你？他们应该这样做吗？

你有哪些习惯？

我以前常常为新入行的分析师和同事开办研讨会，向他们传授要想取得成功所必须掌握的基本知识。我告诉他们，首先，他们必须拿下能够轻松搞定的目标——也就是你能做到的事情，这样你就会站稳脚跟，就能够成功地应对较难的挑战。如果连简单的事情都做不好，你就会惹人讨厌，他们不会考虑把别的事务交给你。我告诫新人，不能拿下最轻松的目标，这是自毁前程的捷径。拿下最轻松的目标对领导者来说仍然是有意义的，虽然严格来说，领导者不再有必要这么做。但是，如果你想成为具有心理意识的领导者，就要立刻拿下轻松的目标，让自己得分！

轻松得分 101

我们开始吧。第一个能够轻松取得的胜利是遵守时间约定，因为时间是我们与他人沟通的重要方式。你是严格遵守时间，还是习惯了拖拉？如果你总是迟到，这就表示你的时间比别人重要，也就是你比别人重要。年轻人迟到，不会给人留下好印象。

第二章 领导者不知道自己的最大弱点时：未知的弱点会造成伤害

领导者呢？当然，领导者身上担子很重，事务繁忙，有合理的理由不得不让别人等待。但是，有时候，某些领导者甚至不刻意留心遵守时间，而是喜欢玩味闪亮登场的想法。政客和表演者喜欢使用这种战术，这种策略往往很管用，他们等到人群齐声呼唤，才肯姗姗露面。但是多数企业领导者如果常规性地这么做，员工就会很生气，尤其是领导者不向他们致歉时。

如果你自己没有意识到，总是让别人等待多么容易打击士气，消磨斗志，那么，你怎么能够让人们达到并保持时间管理的高标准呢？大家已经知道你是老板，你享有和肩负着很大的责任和权力；如果没有充分的理由或者诚恳的道歉，没必要故意显示你的地位比他们高。

还有些老板把时间作为惩罚和控制的手段。这些人分秒不差地遵守时间，以便向别人显示自己是完美的，从而给那些也许由于琐事缠身而无法准时的人们施加压力。我曾经认识一位CEO，他喜欢临时开会，只为看着他的团队手忙脚乱地停下手头正在进行的工作。如果有人迟到，他就在会议上百般羞辱这个人。有一次，一名直接下属迟到了五分钟，他甚至干脆把他关在门外。

注重时间对领导者和年轻人传达的信息是一样的，那就是要全方位地把工作做好。你利用时间，是伸张权力还是掌控他人？对这个问题你要有所知觉。在时间的使用上，是否有一些无意识的问题暴露出来，给你的企业造成不良后果？记住，企业氛围是你营造的。你是企业文化所反映的行为榜样。

第二个可以轻松取得的胜利与之类似，即答复别人，兑现你说过的话。年轻人必须做到这一点，才能建立自己做事负责、踏实、值得信赖的名声。领导者兑现承诺的重要性一点不亚于年轻人。在交付结果的过程中,要随时向人通报,这是认真负责和考虑周全的做法。不管你是承诺给别人升职,答应支持某项举措,还是为新增业务分配资金支持,人们都会看你是不是说到做到。有时候,每位员工的内心都有个孩子想要大声尖叫:"你答应过的!"如果你没有兑现自己的承诺,他们就会很失望,失去对你的信任。在高管层面,他们也许会认为,你的雄才大略不过是好高骛远。

第三个也是最后一个可以轻松获得的胜利,由两部分组成:第一,小心自己的负面言行;第二,不要说闲话,尤其是关于员工和下属的闲话。年轻员工如果懂得在工作中态度乐观、尊重他人,他们会成为更好的团队成员,更有动力尝试去做不可能的事情。他们不讲别人的坏话,所以他们常常受到信任,因此承担额外的责任,也会有更多人愿意与他们共事。领导者这么做是同样甚至更加重要的。

虽然下面这一点听起来与领导者必须具备的特点相反,但是,有许多领导者,他们固执地把杯子看作是半空的。他们很执拗,从不忘记小小的意外或者自己看到的别人的背叛;他们精心准备反击,以至于到了偏执的地步;他们始终很努力,总是怀着忧愁烦恼;当胜利到来时,他们从不庆祝,而是马上开始发起下一场战斗。这类领导者很难让人受到鼓舞。他们的领导力在于避免损失,抵御灾难;在应当具有前瞻性时,却只具有反应性。如果你身上也有一部分符合这种描述,那么,你要重点想一想童年和早年的工作经历给你造成了哪些包袱,导致了现在这种状况,你要予以修正。

治疗这种行为的药方并不是目前在美国很流行的积极心理

第二章 领导者不知道自己的最大弱点时：未知的弱点会造成伤害

学,这个药方已然开得过多。我认为,学会把杯子看作半满,这意味着你首先要正视你感到害怕和恐惧的东西,每天都要努力平息它们。在无意识牢牢地保留伤害和痛苦的感觉与记忆时,你偏要强调从过去的事件中看到积极面,甚至改变角度看待自己受过的伤害,这不是改变行为的切实办法；这至多是创可贴式的疗法,甚至是自欺欺人。

每天坚持诚实地与自己对话,丢开你的查令十字架,这是唯一真正看到生活中的希望和快乐的途径,这么做会让你形成真正积极的世界观。同理,说员工和下属的闲话是偏离正道,这会让你陷入负面事务,进而导致失败；闲话让人心怀恶意,传播恶意,它们让你只看到别人的缺点,注意不到自己的负面性格。这种情况必须马上停止,这样你才能把注意力集中在你心里的厌恶、伤害和难堪,并与之和解。

取得轻松的胜利是个很好的切入点,因为它们围绕的是培养责任感、专业性、尊敬和为他人考虑,还有形成积极的、不妄加评判的态度。这些是基本的品格,你可以在此基础上培养形成自己的领导力。如果你在向顶峰攀登的过程中错失了这种品格,或者你需要重新选择一条道路,请你一定要记住,你在员工眼中是醒目、重要而有影响力的一个人。如果你请他们追随你走上一条道路,共同走向你看到的未来愿景,那么,你就要对他们负责,因为他们接受了你的邀请。你有义务向他们呈现最真实、具有清醒意识的自己。

那么,怎么才能消除最大的弱点,改变消极习惯,成为你心目中开明的领导者呢？大概30年前,我听到了纳瓦霍印第安人的一则古老的寓言。每当谈到改变何以发挥作用时,我都会向所有客户讲述这则寓言。故事讲道，一个年轻人很苦恼，他找到部落巫师，说："我觉得我身上有两股作用力在向相反的方向撕扯我。就好像有两条狗：一条拉我向东，一条拉我向西。我吃不下饭，睡不着觉。我该怎么办？我该跟着哪条狗走？"巫师回答说："跟着你喂养的那条狗。"

人们每天都在懊悔自己做了某件事或者没做某件事，可是他们一次次重蹈覆辙。思维定式是始作俑者，我把它叫作"在牢骚的花园里播种"，播种牢骚，只会收获牢骚。

何苦要喂养那只领我们走上歧路的狗呢？我们经常对自己不满意，无法把握自己的命运，是因为我们喂养了不该喂养的狗，它带我们到了错误的地方。这只恶狗——错误的狗，也许很强大，很狡猾。《圣经》把它叫作魔鬼，弗洛伊德称之为死本能，荣格称之为我们的黑暗天使。实际上，通常来说，这种作用力并不是一种凶恶或者威胁性的冲动，虽然它可能成为这样的冲动。很简单，这无非是因为我们对自己身上的光明和美好避而不见，却一头走向黑暗和邪恶。这种黑暗和邪恶也许会成为一种基本心态，它不允许我们成为自己心目中憧憬的那种人：真实，欢欣，鼓舞人心，并表现出我们一直在谈论的那种积极行为。

只要你每天都花时间诚实地剖析自己，为自己做过的事承担责任，停止为了自己在他人眼中的形象欺骗自己；只要你试着一步步迈向更好、更真实的自己，你就在喂养那只好狗。它渐渐变得比那只恶狗强壮，它会带你走上成为一名具有意识的领导者的道路。如果你继续好好喂养它，它会努力生长，始终带你走在你想走的那条标识清晰的路上。亚里士多德告诉我们："优秀不是一种行为，而是一种习惯；我们反复做的事情造就我们。"

第二章　领导者不知道自己的最大弱点时：未知的弱点会造成伤害

恶狗永远不会走开，但是，如果你不再喂它肉排和髓骨，它会瘦成皮包骨头，它的作用力会变成弱小。它会一直可怜巴巴地恳求你给它骨头，所以你必须始终保持警惕。你必须头脑清醒，敏锐地保持意识状态。人类的自动掌舵能力不太好，因为我们的天性由光明和阴暗、生的冲动和自我毁灭的意愿构成，保持意识状态是全天候的任务。

如果任务比你当初预想的要艰巨，会发生什么情况？如果你在自欺中陷得太深，身边围绕的全是不敢告诉你真相的人，会发生什么情况？很多人都是这样。那么，你需要一位优秀的教练，他不能由你自己聘请。教练如果由具有魅力的领导者聘请，就很容易陷入彼此的共谋，不能把领导者的行为直接向他指出。鉴于这个原因，如果由人力资源部门或者董事会为你提供一份简短的候选人名单，由你进行面试，效果通常更好。此外，你不仅需要一位内心足够强大的教练，他会把别人对你的真实看法和你的盲点告诉你，他还必须具有深度，懂得我所谓的"具有心理意识的领导力教练术"。

什么是具有心理意识的领导力教练术？

首先，一定要明白，在教练培养领导力时，标准化、一刀切式的教练方法很少行得通。第二个要点是，没有两家企业、也没有两个人一模一样——个人与企业之间的相互作用具有独特性。因此，教练术要尽可能地帮助一个人、一家企业实现最优关系。

最重要的是，教练术在培养具有心理意识的领导力时，不仅要求对企业的业务、文化及亚文化有深入的了解，还要具备对人的心理的洞察和感知能力。多数领导者的问题不像加布里埃尔·马科斯那么严重，他们不要求也不希望教练术教导他们怎么做事。事实已经证明他们能够胜任，否则他们也不会担任领导角色了。但我们一直在讲的是，对你来说，你怎么才能成为具有更强的心理意识的领导者，能够察觉到无意识层面的问题，因为无意识层面的问题影响到了你用自己希望的方式领导企业的能力。这种教练术要求进入偏于私人和心理性质的领地。要想真正改变不合适的行为，而不只是转移视线或者敷衍了事，就必须找出无意识的根源。只有当你深刻地认识到，这种行为不再适合当前的生活和现实，你才能够有意识地做出不同的选择。

这是心理治疗，还是高管教练术？你提出这个问题是很明智的，因为源自人格和性格的问题通常属于心理治疗的范畴。一般来说，心理治疗的重点是帮助人们化解个人生活中与爱和工作相关的冲突。它力图增加自我认知，理解冲突的由来，进而改变行为。在用教练术培养具有心理意识的领导力时，这个重点也是必要的，否则，它所实现的一切结果都是肤浅和贫乏的。

可是，如果一个人希望成为头脑清醒、具有心理意识的领导者，把一本大部头的心理治疗图书摊在他面前，却是既无必要也不可取的做法。因为这是教练术，不是心理治疗。教练术显然具有更为具体的职业目标、时间和资金限制，它旨在促成可观察、有时可测量的改变。但是在这个过程中，你也会了解自己的心理特点，这个特点如何积极或消极地与他人互动，你怎样和为什么成为现在的样子，有时候，你做的事情怎样对你的辛苦努力造成破坏，使你无法达成渴望的结果。你会了解到，自我认知何以能够成为你所拥有的强有力的事业帮手，理解别人的心理将

第二章 领导者不知道自己的最大弱点时：未知的弱点会造成伤害

会进一步增强你取得成功的能力。你使用心理意识的知识所实现的结果是好是坏，要看心理以外的因素，而取得好结果的概率很大。

具有心理学意识的高管教练所扮演的角色比生活教练或者管理教练更加宽泛。这位教练在对你有了深入了解之后，将更有能力激励你坚持努力，帮助你开展必要的自我反省，并实现显著的行为改变。心理治疗中的移情概念，是指客户把其他人的品格、把他在过去的生活中与权威人物的关系投射到治疗师身上。与心理治疗相反，在高管教练过程中，教练扮演更为积极的角色，使移情成为正面的支持，赋予管理者以力量，给他启发和鼓励。就像优秀的体育教练，领导力教练会充当你的后盾，督促你去做必要的事情以实现你的抱负。就像优秀的心理治疗师，领导力教练也试图帮助你获得和接受自我认知，这种认知是诚实、准确、强有力的，它能够改变你的生活。有些同事主张在心理治疗和管理教练术之间画一条不可逾越的分界线，对于这类同行，我的导师、管理教练术创始人哈里·莱文森（1999）以前常说："如果你不明白教练术也是一种心理治疗关系，那么你从事的工作就是垃圾。"[1]

你为自己或者团队挑选教练，以培养具有心理意识的领导

---

[1] 这种教练术具有心理动力学导向。要想深入了解心理动力学导向的教练术的理论和方法，请参看 The Wiley Blackwell Handbook of the Psychology of Coaching and Mentoring 中 Michael A. Diamond 的优秀论文 "Psychodynamic Approach"。文章集中探讨了三位重要的从业者对该领域的贡献，他们分别是 Levison、Kets de Vries 和 Kilburg。实务内容，包括对一些教练和教练模式的调查，参见 Harvard Business Review, January 2009 中 Diane Coutu 和 Carol Kauffman 合写的文章 "What Coaches Can Do for You"。

力，在面试时，你要确保他们不是莱文森所说的后者；他们必须头脑清醒，具有意识，注重心理学知识，不怕挽起袖子跟你一起埋头苦干。

从这里去往何方？

现在，你知道了把无意识提升到意识层面的重要性。具有意识之后，你的管理效力会达到最大化。那么，为了增强你的知觉，你还应该再把目光转向哪些地方呢？

你有哪些秘密？我发现，领导者常常藏着秘密，他们自己对此心知肚明，所以，这秘密不是无意识的，虽然他们保守秘密的原因也许是无意识的。不管怎么说，他们千方百计向别人隐瞒自己的秘密，把它们藏在意识思维的深处。这秘密通常是他们为之感到羞耻的一件事，所以轻易不会把它暴露出来。

有些秘密也许是让他们觉得难为情的知识盲区。我认识一家技术公司的 CEO，他不会使用公司生产的大多数产品；一位时尚设计师不会缝纫；一名人力资源总监不懂与雇员解除合同后怎么支付赔偿金；一位 CFO 看不懂某类电子表格。所有这些例子中，别人都没有看出他们的缺陷，这些领导者都有下属为自己处理事务，填补空白，但是对领导者自己，这缺陷就像一颗坏牙，他的舌头不断地碰触到它。后来，这几位领导者在承认这些秘密以后，都制订计划填补知识空白。他们悄悄地去上课，聘请老师补课，使自己的相关知识和能力达到足够的水平。

如果你有个秘密，它让你感到羞耻，那么，把羞耻的原因提升到意识层面吧，想一想你可以用哪些办法予以补救。你的意识

第二章 领导者不知道自己的最大弱点时：未知的弱点会造成伤害

越强，你就越能够达到内心的和谐；你是谁，你做什么事，说什么话，这些问题就越能够统一起来。人们说要做真实的自己，就是这个意思：做实实在在的你，表里如一，说到做到。你呈现在员工面前的是一个诚实、具有意识的自己。员工也许会忘记你对他们说过什么话，但他们会记得，他们当时是否相信你说的话。

一个人与自己达成完美和谐的最佳典范也许是圣雄甘地（Mahatma Gandhi）。第二次世界大战以后，甘地在英国议会露面，他向人们说明，为什么印度应该从大英帝国取得独立。历史作证，他讲话的时候，会场上鸦雀无声，连一根针落地的声音都能听到。他的新闻秘书日后回忆说，人们再三表示疑问，甘地怎么能声情并茂地讲那么长时间，不用任何书面笔记。据报道，这位秘书回答说："甘地的所思、所言和所行完全统一。人们往往想一件事，说一件事，做一件事，三件事都不一样，所以才需要用笔记来追踪。"（Tager & Woodward，2002，p. 103）

你对自己身上非理性的部分、无意识层面的问题和意识层面的秘密了解得越多，你就越能够增强理性的自我。你就会形成统一性，并且使这种统一性变得更强。具有意识、保持头脑清醒是培养开明的、实实在在的领导力的必要步骤。但是，你不可能靠碰运气实现这样的领导力。你必须积极参与并创造自己的生活。你不可能凭一己之力实现这样的领导力。领导者，顾名思义，总会牵涉其他人。怎样积极地与其他人协调关系，将决定你能够达到的意识程度。让我们打开潘多拉的盒子吧……或许它里面装满了珍宝呢？

第三章　当个性给企业造成妨碍时：为什么不能人人都像我一样？

异于我者并非使我贫瘠——而是使我丰富。
　　　　　　　　　　——安东尼·德·圣艾克苏佩里
　　　　　　　　　　（Antoine de Saint-Exupery）

你知道怎么跟别的孩子快乐地游戏吗？我们一直在讨论，要想提高对自己的意识知觉，我们必须怎么做。当你与别人互动时，对方直接按下按钮，触发你无意识层面的问题，想想看，这时候，保持意识知觉是多么困难。而且，那些按下按钮的人本身也处于各种各样的意识知觉状态，有的头脑清醒，有的则蒙昧混沌。我们先来学习心理原理3。

> **心理原理3：不可能人人都像我一样。**

世界上有只由一个人组成的公司吗？

自我防御

美国某有线电视网播出了几部人气旺盛的连续剧，里面的主

第三章 当个性给企业造成妨碍时：为什么不能人人都像我一样？

角有各种奇怪的性格和癖好。举例说明，蒙克是一位具有强迫性人格的侦探。豪斯医生可以说接近于病态的自恋。塞克遇事冲动，长不大，是个假装的通灵者。人们在电视里看到这些人，他们具有很强的娱乐性。但是假如你不得不跟他们当中的任何一位卓有成效地共事，就会成为一场噩梦。这些例子很极端，不过，你可能认识某个人，他恰好具有类似的性格特点，甚至你自己也有点像某位电视人物。

每个人都具有类似于电视角色的性格特点，这些特点其实是防御机制。我们试图用这些性格特点，把自己觉得讨厌或者羞愧的感觉和想法排除在知觉之外，把它们深深地埋藏在无意识思维当中。我们对这些防御机制使用得当时，就能够正常地行为处事，不受那些感受和想法的干扰。事实是，没有这种防御，我们就无法生活。但是，如果我们过度依赖这些防御，听任它们完全主宰我们的人格，让我们变成像电视里的那些人物时，我们就出了问题——与我们打交道的人也会感到麻烦。如果我们不愿接受的那些思想和情感威胁要进入意识层面，我们就会过多地使用防御机制。当然，因为这一切都发生在无意识层面，所以，虽然别人看得一清二楚，我们自己却往往最后一个知晓自己的所作所为。

我倾向于使用什么样的防御，什么时候，如何使用？当我们把这些问题向知觉开放时，就把自我认知提高了100倍。然后，我们就能够正视下一个问题：我们为什么使用它？进而探讨更深层次、更加复杂的原因。我们有哪些不肯让意识思维知晓的想法、感觉、渴望、动力和恐惧？记住，提高自我认知，就丢掉了包袱（包袱是过去的冲突造成的），增强和提高了我们度过人生的力量和能力，我们就与真正的自我更加和谐统一。

你本人偏好哪些防御机制，你在与自己共事的人们身上看到了哪些防御机制？

也许，最好理解、也最基本的防御机制，是**否认**。我们常常说，"她在否认"，意思是她不肯正视现实，比如她酗酒，或者丈夫公然对她不忠等。很简单——只要你对它视而不见，充耳不闻，那么它就不存在。但是你也明白，一些否认机制具有适应性。举例说明，如果缺少某些健康的否认机制，人就无法在大城市生活下去。纽约人每天上班途中，都要从无家可归者身上跨过，每天都要在几小时前发生过凶杀或者自杀的地铁站台上等车。如果让这种事情进入意识，造成情感压力，人们就无法正常地生活，并履行自己的职责。

退行是类似于否认的一种防御机制，但它是在否认之前就阻止了事情的发生。人们"忘记"自己身上发生的事情。这种情形常见于受过创伤和虐待的人们身上。在办公场所，人们常常宣称自己从来没有收到某件事情的通知，因为他不想知道或者不想去做那件事，这种行为就是出于退行。多数情况下，他没有撒谎；而是发生退行，阻止他回想起那件让他不快的任务。

还有一种众所周知的防御机制是**投射**。"不要把你的妄想投射到我身上"，有人也许这样说。我喜欢把投射描述为"烫手的山芋"。某人身上有个特点，这是一种渴望或者恐惧，他深深觉得，这种渴望或者恐惧有损于自己的形象，是不好的，于是他要把它除掉。他把这个烫手的山芋扔给别人，它就不再属于他，问题就"解决"了。投射的经典例子是某位电视传道者。他在传道时威胁说，勾引别家的妇女和受到勾引的男人，会在地狱里受到

第三章 当个性给企业造成妨碍时：为什么不能人人都像我一样？

烈焰灰浆的惩罚。可是有一天，他自己却因为召妓被抓。这时候，他再也不能继续把自己的幻想和欲望投射到别人身上，让别人"保管"他的欲望。这种防御机制不能持久，他的无意识冲动最终胜出。

记住，防御的使用发生在无意识层面——他身上不讨人喜欢的性格特点没有得到意识层面的认可，相应的解决办法也没有进入意识层面。我们的总体目的始终是，让意识层面的自我形象不被自己所讨厌的那一面败坏，而自己所讨厌的那一面则根源于过去发生的事情。所以，那位传道者不能与自己的性欲和解，他认为性欲是低级的，是没有价值的——也许当初他欣然从事神职，就为了摆脱性欲。但这显然不是个好办法。

加布里埃尔·马科斯对下属盛气凌人的施虐和控制是出于一种防御，这种防御叫作**加害者认同**；就加布里埃尔而言，加害者是他的继父。孩子十分无助，不得不依赖一个霸王时，为了缓减自己的恐惧和焦虑，加害者认同是孩子可以使用的少数几种防御之一。成年以后的加布里埃尔在他的意识知觉之外，保留了当初的痛苦和与之相伴的防御，他继续模仿继父，控制和折磨他的团队。此外，团队还充当他的继父角色，也就是他所加害的真正对象。这个替代角色其实是另一种防御机制，叫作**置换**。一个人对老板生气，却踢自己的狗，就是置换的典型例子。人们通常把不同的防御机制结合使用，这就使问题更加复杂。

下面这种防御你一定认识——**理智化**。不久前我天天尾随着一位客户。这是我对他进行教练的部分内容。为了更加精确地观察他对待他人的行为，我一天到晚跟着他。他与老板和同事们开了一次会，会上他描述了自己正在探索的新业务领域，希望与大家分享。关于这个风险项目，他发表了一大通洋洋洒洒的议论，谈到了现阶段全无必要详述的许多细节。同事们开始左顾右盼，老板想打断他的话，可是我这位客户完全沉浸在自己的描绘中，旁若无人地大谈具体细节。在这个过程中，他没有表现出任何情感，无法感知会议室里其他人对此做出的情绪反应；实际上，他甚至没有察觉到大家做出了情绪反应。

我后来与他的老板谈话，女老板告诉我，这是与乔治一起开会的典型场景。她说，虽然乔治是她的团队当中智商最高的一个，但他全然不能领会团队其他成员的反应，也不考虑他们的观点和意见。在与乔治工作一段时间后，我发现，理智化是他集中精神的一种方式。为了缓减焦虑，他把思想集中在抽象的概念和详尽的具体细节上。当年，乔治是个聪明的孩子，他经常整个晚上一边听着自己的父母在楼下吵架，一边做作业。他是个独生子。他们生活在偏远地区，除了他强大的思考和推测能力，很少有别的东西能够转移他的注意力。乔治能够熬过那些夜晚，并且在学校里成绩优异，理智化是一种效果非常好的方式。只是现在他已经成年，理智化不再是一种必要，而且用得太多，对他的职业发展造成了问题。

你也许看到，这里出现了防御机制的使用问题。我们进入成年，开始职业生涯，此时我们都已经形成了待人处事的方式。我们内心都有一个自我版本，它是多年来逐渐形成的，我们认为它就是我们自己。但是实际上，我们是为了活下来，才不得不变成这个自我版本。为了熬过去，我们限制了自己的意识，我们把威胁自己的一切压制下去。这时候就出现了防御，它们帮助我们使现实变得可以忍受。

第三章　当个性给企业造成妨碍时：为什么不能人人都像我一样？

但是现在你已经成年，取得了成就，而且还有进一步的追求，你发现有些曾经对你有过帮助的东西，可能正在对你构成妨碍。曾经帮助你活下来的东西，如今成了我们所讨论的最大弱点。如果你不知道自己的内心正在发生什么，这个未知的部分可能与其他人的未知部分相互作用，当你们在一起工作时，你们各自的过去就会造成巨大的干扰。

他很有个性

除了人们通常较为熟知的防御机制，就其本质而言，一切行为都可以用作防御，以避免接触无意识的信息。有时候，某个人的全部个性都可能是防御机制。一个人的强迫症全面爆发时，就是这种情况，就像上文提到的电视剧人物蒙克。他时刻想要控制自己的环境和环境对他的作用，不能忍受碰触别人或者被别人碰触。如果万不得已发生触碰，他就使用抗菌擦布。他控制周围世界的需求导致他对微小的细节具有高度的知觉，他过于发达的理智化能力帮助他进行推理，分析微小细节的含义，最终破解罪案。我们得知，蒙克的父亲某一天突然离家出走，再也没有回来。他和弟弟两个人由此开始过度使用强迫性的防御机制，他们在生理上可能也存在这种倾向。虽然如此，蒙克仍然能够做一名警官，直到他的妻子无缘无故被汽车炸弹炸死。这次不可控制的创伤性生活事件刺激了蒙克，让他从强迫性防御机制的使用者，变成了完全被这种防御机制操控的人。

人们在分析理查德·尼克松（Richard Nixon）时也常常得出类似的结论。不过对于尼克松，有一种未经授权的说法是，尼克松患有妄想型人格障碍。早年，为了摆脱不受欢迎的局外人的感觉，尼克松使用的防御是过度警觉和投射性认同。他认为，他必须时刻戒备，随时对别人可能对他的雄心抱负发起的攻击保持知觉。他嫉妒别人的好人缘，对别人轻松取得的成功持负面态度，他向自己眼中的竞争对手投射了愤怒和咄咄逼人的感觉，然后把对方看作愤怒和咄咄逼人的人。因为投射性认同会让人自食其果，所以，他自己的感受又给他造成了困扰。后来，他一直想要打败相貌英俊、人气极旺的约翰·肯尼迪（John Kennedy），在肯尼迪在世时如此，甚至肯尼迪去世以后依然如此。但是当肯尼迪去世以后，尼克松的防御机制不再那么有效。终于，防御机制未能阻遏他不择手段地摧毁敌人的无意识冲动，结果导致了违反法律的水门事件发生。

从尼克松的例子可以看出，哪怕是才智出众、能力超群的人，如果个人的心理问题未能解决，也可能吃败仗，走向身败名裂的结局。如果公司的领导者一辈子对自己重大的心理问题没有意识，那么，像国家一样，公司也会因此蒙受损失。就在此时，公司管理层也许正有人关起门来，像尼克松那样精心谋划呢。

为了让你能够领会这些防御机制和人格紊乱在职场上可能发生怎样的碰撞，请允许我假设一个场景。我们姑且假设我在尾随着你，观察你的一举一动。今天，你要带领团队预演股东大会，股东大会过几天就要召开了。我们来布置一下会场。

岂止是又一场会议

与会人员：

第三章 当个性给企业造成妨碍时：为什么不能人人都像我一样？

玛德琳：你的助理。她戴着一副红框眼镜，两只眼睛流着眼泪，身上还穿着昨天的衣服；她像工作狂一样熬夜工作了一个晚上。

扎克：运营主管，你的左膀右臂。他很焦虑，渐渐变得偏执和消极；常常把愤怒投射到别人身上。

阿诺德：首席财务官。他绝顶聪明，办事可靠，但是缺乏人际技能，不会与人沟通；他千方百计避开大家。

威廉：人力资源总监。你很倚重他的常识判断。

詹姆斯：销售总监。他聪明，高效；自负，喜欢施虐。

桑德拉："詹姆斯二号"，营销总监。她很有才华，但是对自己没有信心。

迈克：近期招聘的新人。他负责产品开发，态度谨慎。

雷娜塔：技术总监。她长着一头漂亮的红发，聪明，大胆，奇特。

第一幕

星期一早上 8 点钟，C 会议室。

议事日程：为股东大会做准备

（大幕拉开。一群人在为玛德琳创建的 32 种颜色的文件编码系统争吵不休。威廉让人去叫玛德琳，玛德琳眼泪汪汪地走进来）

威廉：玛德琳，我们要澄清一下这些文件的彩色系统！

（威廉想安抚玛德琳，但玛德琳哭得更厉害了）

扎克（在玛德琳的哭泣声中）：迈克！你打算怎么处理上海的工程和那里的问题？

迈克（对扎克很不高兴）：我计划下个星期去一趟上海……我不喜欢你这种责怪的语气！

扎克：我不在乎，迈克。（争吵开始）

57

（玛德琳还在哭）

詹姆斯（用典型的施虐口吻）：你知道吗，桑德拉……你提交的销售数据全都是错的！数字明显虚高！

桑德拉（上了钩的受虐者，尖叫）：不是这样的！

（他们互相咒骂，大喊大叫）

雷娜塔（阴险地）：哎，你们几个家伙也许应该到卧室去吵架，那儿才合适！

阿诺德（脸色苍白，忧心忡忡，站起来要走）：我要回我的办公室。

雷娜塔（引诱）：为什么害怕真相呢，阿诺德？詹姆斯和桑德拉只是在用愤怒表达他们的两性感觉……又没有用行动表达。

（说着，雷娜塔慢慢靠近阿诺德，在他嘴唇上吻了一下。阿诺德使劲把她推开，她倒在地板上。她坐着没有动，却歇斯底里地大笑起来。阿诺德从房间里跑了出去）

你对团队和这次会议显然已经失去了掌控！

我们把大幕拉上，看看是什么情况！

如果每个人的防御机制都失去效用，导致他们把各自隐含的冲动都释放出来，就会发生上述情形。我们来挨个分析一下这几位与会人员，想象一下他们做出这些行为以及他们与你形成这样的关系，可能是由怎样的背景原因和未能化解的无意识冲突造成的。

玛德琳

玛德琳具有追求完美的倾向和被爱的需求，并且因此深受其苦。她是家里的老大，父母都是酒鬼。她上学时学习非常刻苦，

第三章　当个性给企业造成妨碍时：为什么不能人人都像我一样？

同时还要照顾弟弟妹妹，收拾父母造成的烂摊子。她在工作中受到完美主义的驱动，所以才会强迫症般地建立那么复杂的颜色编码系统。在私人生活中，她也想为所有人做所有的事，许多人、许多朋友需要帮助，于是她揽了许多事，但他们其实都是在利用她。你想让她放松一点，不要给自己那么大的负担，但是她充耳不闻；你清楚地意识到，她这么做是一种自我惩罚，所以，有时即使她做错了，你也不会说她。

扎克

表面看来，扎克似乎是最支持你的人。他在别人面前千方百计维护你，似乎一心想要达成你的愿望。他经常生气，往往是针对你的其他直接下属、董事会、股东或者客户，但是从不针对你，至少从不直接针对你。他喜欢造成一种微妙的情况，让你收拾残局；你那位聪明的妻子不止一次指出，扎克喜欢把你置于困境当中。实际上，扎克是掌握了名为**反向形成**的防御机制的高手，也就是表面上用夸大的相反情感来掩饰难以接受的感觉。无意识中，扎克对你非常嫉妒，就像他嫉妒自己的哥哥，他对你很生气，就像他对父亲生气，因为父亲偏爱哥哥。内心深处，他觉得 CEO 应该由他担任，而不是你，他痛恨当你的二把手。他"无意中"给你造成许多麻烦，但是同时把自己的运营工作做得很好，这种做法表露了他的真实感觉和态度。

威廉

威廉自认为是守护者，就像他曾是弟弟妹妹的守护者那样。他总是陪伴在你身边，接手你遇到的麻烦，收拾残局，给你忠告。你依赖威廉，你喜欢和尊敬他，同样，他那种（你称之为）居高临下的态度也能让你很受刺激。他年纪比你大，他不像你是含着银勺子出生的。虽然他从未这样说过，但是每当有人议论你优越的出身和教养，他总会马上讲起他的一件童年往事，故事令人动容，故事说明他很勇敢。扎克称呼他为"圣威廉"，有时候你也这么叫他。

詹姆斯和桑德拉

詹姆斯是一名聪明绝顶的推销员，他风趣，具有人格魅力，给人的印象是形象高大。但他的身高其实6英尺6英寸，不过他相貌俊朗，声音低沉有力。他的疑心重到了妄想的地步。他在6个寄养家庭生活过，受过各种虐待，他过度依赖本能来保护自己。所以他才会与"詹姆斯二号"桑德拉保持分分合合、反反复复的恋爱关系。桑德拉也很聪明，她的营销活动与詹姆斯的销售能力互补并对詹姆斯给予支持。她的受虐倾向来自于从小在一个刻板压抑的门诺派家庭长大，这与詹姆斯的施虐和偏执的幻想简直是绝配。所以他们的同事雷娜塔才会动辄从性的角度议论他们二人在公开场合的频繁吵架。

雷娜塔

雷娜塔几乎难以描述。她年轻，美得惊人。她继承了一笔遗产，所以既富有又独立，且技术高明。在一个几乎全部由男人构成的世界，她脱颖而出，享受着她赢得的关注和地位。你知道她在合适的时候会离开你的公司，不过眼下，她在这里过得很开心。她一年给公司带来的创新，你10年都用不完，但她也用撒

第三章　当个性给企业造成妨碍时：为什么不能人人都像我一样？

泼和挑衅造成破坏，就像这次会议上的情景。她自恋地展示性感和力量，有时候甚至给你造成内心混乱。

阿诺德

今天，阿诺德无疑是雷娜塔的受害者，你很担心他的反应。你知道阿诺德是个情感上很局促的人。他对财务事宜很精明。他避免一切类型的情感接触，用一大堆防御机制来保证自己的感情不受伤害。他来自一个存在诸多问题的家庭，小时候父母经常打架，给他的爱很少。成年以后，他无法与任何人分享他的感觉，生怕多年封存的如潮往事被突然释放。如果换作别人，恐怕你会收到员工提起的敌意工作环境的诉讼；但是你知道阿诺德只会默默地忍受痛苦。阿诺德最喜欢的防御机制是**分裂**，也就是一个人、一种局面或者别的事物要么全好，要么全坏。他会推理认为，雷娜塔是个坏人、恶人，这样一来，他就可以把她的所作所为和自己的感受，一概抛在脑后。

最后是你的新员工迈克。迈克目睹了这次开会时发生的一幕，他既感到惊诧，又觉得好玩。你对他还不够了解，但他似乎是个头脑冷静、雄心勃勃的人。你觉得他在寻求你的领导，尤其是发生这一幕以后；你想向他展示一个理想的自我形象，一个能够把事情摆平的人，但是你同时也讨厌他把你理想化，这给你造成了压力。

既然我在描述这个场景时，创作了"你"这个人物，我们姑且假设你是个"好人"老板，你害怕自己和别人的情感，你想对工作日发生的这些形形色色的行为视而不见，并因此承受着痛苦。你希望所有人和睦相处，各司其职。你不想与他们发起棘手的谈话，这也是你依赖威廉的原因。但是正如威廉一再指出的那样，这些情况今后将继续发生，除非你克服掉自己讨厌正视情感问题的缺点。

你宁愿否认大家的感受，只把事情摆平即可，这种倾向来自于你的家庭背景。你是由有钱却无能的父母抚养长大的。你的祖父母精力充沛，但你的父母却是嬉皮士，他们浪掷了金钱和机遇。你的性格像爷爷，小小年纪就开始掌管父母的财务，包括经常从你自己的信托基金中借钱给他们。但是，正如你常常对威廉所说的那样，情感不是你能承受得起的。可是你也有情感，只是你宁愿不去感受和体察它们。所以，对玛德琳，你没有应对她的眼泪和自责（你指出她的错误时），而是让办公室的其他人改正她的错误，威廉也撞到过一两次你在调整一行数字。

你不承担你的职位所赋予的权威角色，而是要求直接下属具有更高水平的专业素质，你在用这种方式破坏自己的成功和他们的成功。你没有逐一处理每个人的问题，向他们说明你的要求，说明哪些行为不可接受，结果导致了问题不断加剧。就像在这次会议上，他们用行动表达了各自的个性，每个人都让你挠头。这一天完全被无意识操控，而且是以你的无意识为发端，因为无意识敏锐地抓住了你害怕情感的真正原因，这个原因与你受到压抑的强烈愤怒有关：小时候，你不得不在孩子气的父母面前做一个大人。你担心如果你允许感情浮现，尤其是愤怒的感受，那么，你极力抑制的愤怒会把你吞噬。

我曾经认识一位女企业家，她是一家非常成功的房地产公司的老板。她描述过有一次开会的情形，与上述场景在很多方面十分相似。她讲完以后，看着我说："你知道那部经典的原创电影《人猿星球》（*Planet of the Apes*）吗？里面有一幕场景，查尔斯

第三章 当个性给企业造成妨碍时：为什么不能人人都像我一样？

顿·赫斯顿（Charleston Heston）突然认识到，他是一个庞大机构的囚徒，生活在一个由猿人管理的国家，于是，他难以置信地大叫起来：'这是个疯人院！'唉，我和直接下属开会时，就是那种感觉。"我说："也许是吧。可是，是你在管理着疯人院啊，你又是什么呢？"

你是拍板的人。如果你听任自己和他人的无意识持续地介入职场事务，那么，你就会营造一所疯人院。举例说明，你必须直接向扎克指出并纠正他的愤怒和消极态度。虽然他工作做得出色，但他的态度影响到了他身边的人，造成了工作场所效率低下，情绪不快。你必须告诉玛德琳，虽然你赞赏她的辛勤工作和付出，但是她必须明白，加班加点和在办公室过夜是不可接受的。你可以建议她寻求心理治疗，心理治疗也许是个好办法，能让她试着明白自己为什么那么拼命地工作；如果她主动告诉你，她正在接受治疗，那么你要劝她一定要把工作中的完美主义倾向告诉治疗师。同样，你必须告诉詹姆斯，他得改变那种高高在上的说话口气，还要处理他与"桑德拉二号"的恋爱关系。他们当众拌嘴是违反职业行为规范的，还影响到了团队工作。还有，对于参与这出戏剧的所有其他演员，你要挨个与之谈话。当你把自己的心理房间收拾得井然有序，当你做出表率，积极反省，为问题和防御机制承担责任，人们就不会再按下触发无意识的按钮，紧张局面就会自然化解，团队就会变得头脑清醒，工作高效。

多年来，管理者被告知，要想实行适当的领导，就必须增强自己的情感智商。具有同情心和宽广的感受力是必要的，但是，懂得情感互动发生在两个界面（意识与无意识），这一点也是至关重要的。我不是要求你对员工做心理分析。你不该这么做，而且也做不到。相反，我希望你能够渐渐认识到自己和他人的防御机制和重点问题，以及它们如何相互作用。这将大大提升你的知觉和理解力，让你在处理人事和各种情况时更加全面有效。主要目的是，你要学着用富有洞察力的眼光思考你和其他人的心理是如何发挥作用的。适当的时候，你就能够调整自己的风格，也知道怎么避免按下触发无意识的按钮，以及如何纠正问题和化解矛盾。

很简单，公司由人组成，由除你以外的其他人组成，他们和你不一样，他们甚至互相不喜欢。如果你是领导者，你就接受邀请，站在他们前面，你要让他们跟随你。你必须努力搞清楚他们怎么行使职能，你怎么行使职能，你们怎样共同行使职能，以及怎么收拾残局。不管喜不喜欢，心理学必须成为你装备的组成部分。你必须运用心理学知识和心理理解力去接近他们，向他们学习，培养他们，激励他们。你必须在保持尊严的情况下刻意地、礼貌地去做这些事，不妄加评判，总是与他们感同身受。你必须凭借你对自己、对他们所能具有的全部意识，领导他们前进。

这样，你就可以避免让自己的企业成为疯人院。具有心理意识的领导力可以逼退疯狂。许多家庭不肯面对痛苦的现实，常常停留在无意识层面，结果导致家庭生活呈现疯狂状态，有时琐碎，不太要紧，有时则会引发毁灭生命的严重事件。家庭内部存在的关系可能会潜入企业，你和你的员工会把它们带过来，企业本身也是一块上演家庭戏剧的沃土。我们来认真看一下，你能否采取主动，提前拔除这些杂草。

第四章　当企业再现家庭模式时：
　　　　谁是你爸爸？

> 有时候你觉得今天的生活
> 以前就发生过
> 你做过的事情回来找你
> 好像它们认识回来的路
> 哦，你的脑子会玩花招！
> 好像我们以前就曾这样站着说话
> 好像我们以前就曾这样彼此凝望
> 但我记不起何时何地
>
> ——理查德·罗杰斯（Richard Rogers）作曲，
> 洛伦茨·哈特（Lorenz Hart）作词

　　历史会重演，人们对这个结论没有疑问。特别是世界历史。这是一个被普遍接受的观点。但是你如果谈到个人的历史也会重演，也就是说，多数时候，我们在无意识中做过或者遇到的事情，会轻易地让往事重现——却会遭到反驳。可是，我们一次次地发现自己遇到类似的情况，重复着类似的恋爱关系，为相同的结果和反应而承受痛苦。如果我们是无意识的，如果我们没有认识到过往关系的威力，尤其是我们在生活中与家人和其他权威人物的关系，那么，工作就会具有唤起过去的疯狂，并把这种疯狂表现出神奇的力量。

> **心理原理 4：企业会再现家庭模式。**

记忆和幻想

工作场所给人以"似曾相识"的感觉，这是一种真实存在的现象，因为公司和其他实体具有类似于家庭的结构。它有权威人物，就像家长；我们的同辈和同事就像兄弟姐妹。**移情**不光发生在心理治疗或教练过程中。它也发生在工作中。我们把往日的关系，或者只存在于幻想中的关系（比如理想化的父女情，其实从来不曾存在过）所呈现的某些品质，投射到我们与之共事的人们身上。反过来，别人也许会产生**反移情**，也就是他要么呈现、要么抵制我们投射在他身上的品质。

和家庭一样，公司也要求我们成为它的一员；它要求我们忠诚和顺从，我们为此得到回报。我们想要有所归属，想要融入其中，以便收获回报或者为自己身在其中而感到快乐。和家庭一样，公司多多少少是个温暖、安全的地方，在我们准备离开之前，我们不想被它抛弃。

听懂了吗？与家庭类似，每家公司都是独特的，它有自己的不同于其他公司的亚文化，这种亚文化甚至同一行业内也各有不同。我曾经开过一家从事咨询和员工培训的公司。我们和华尔街的几家公司有业务联系。我们很快就能做到在几分钟内判断哪位

第四章 当企业再现家庭模式时：谁是你爸爸？

客户来自哪家公司；这说明各家公司的亚文化印记是如此鲜明，影响是如此之大。为了融入进去，员工很快就会掌握它的语言和非语言规则。他们在趋同的前提下，把自己与真实生活中家庭成员之间的关系，投射在这个伪大家庭中，要么重演家庭模式（因为他们在生活中只能接受它），要么试图修正家庭模式。

归结起来就是，与他人在一起工作，会促使我们重现过去曾经存在或者渴望实现的关系模式。这些关系可能是积极的，也可能是消极的。它们可能由正在实际发生的事情诱发，不过，通常它们与当前正在发生的真实的互动情况无关。工作场所可以提供机会；它布置了舞台，亮起了灯光，但塑造角色和撰写对白的却是我们自己。

举例说明，杰克喜欢为老板皮特工作。皮特完全是杰克父亲的反面。皮特风趣，开朗，热情，处处支持杰克。但问题是，皮特对待所有员工一视同仁。皮特那么出色，杰克和他的同事们争先恐后地想要引起皮特的注意。这种竞争危害到了他们作为销售团队的成功。我被请去化解这种局面。皮特用自己的时间和关注回报效率高的员工，他这么做无意中助长了这种竞争。他还对每个人都说，你是特别的，这句话在员工那里被理解为"我是特别的，别人不特别"。他成了慈爱的父亲，每个儿女都想成为最受他宠爱的那个。

对皮特的作风加以调整，再加上创建项目——皮特不参与发表意见，但是要求团队加强相互依赖——这些措施消除了此前对父子等级结构的强调。员工开始彼此寻求帮助、引导、赞许和成就感，他们把竞争对象指向了真正的市场竞争对手。拥有一位完美父亲的一切幻想都被打消。一位篮球教练曾经对我说，他在自己的球队也遇到过这样的问题，他很费了一番心思处理这个问题。每位球员都倾向于与他建立父子关系，他不得不扭转这种倾向。于是，他在球员之间培养手足之情，让他们更多地依赖彼此，而不是他的支持。在比喻和现实的意义上，把彼此作为后盾，他们才能赢得比赛。

然而，古往今来，企业一直在积极培养父性移情。几百年来，许多原生企业都是由家庭成员组成，父亲雇用儿子；如今这种现象仍然司空见惯，虽然不像以前那么普遍，女儿或许也可以参与。看看公司名称后面附着表示亲子关系的"and sons""et fil"的公司数量，就知道这种现象仍然存在，说明这种做法根深蒂固。

许多年来，有些行业不聘请女性加入，比如金融和法律，原因之一就是高级领导者不经意间想要延续父子关系，他们往往会聘请让他们想起年轻时的自己的男员工。他们聘请会成为自己儿子的人，然后发生双向移情。处理办公总务的儿子往往是最受宠爱的儿子，是唯一的儿子，有时候企业最终将由他接管，偶尔他甚至成为女婿。

移情还可能继续发展。我曾经与广告业一位杰出的女士合作过。劳拉由苛刻、严厉的父亲抚养长大，父亲主宰一家人的生活，说一不二。她每次开始一份新工作，都对新老板十分倾心。新老板似乎是个货真价实的男人。她脑海中从未萌生过为女上司工作的念头。为了给老板留下印象，她兢兢业业地工作。她达到了目的，因为她很聪明，也精通业务。后来，她开始把老板从神坛上拉下来，可是当初，其实是她自己把老板立在神坛上的。她觉得老板做事鬼祟，抢夺她的功劳，压制她，摧毁她的事业，诸

第四章　当企业再现家庭模式时：谁是你爸爸？

如此类，不一而足。她对老板提出批评时，直言不讳地说出她对老板的不信任，公然表示不服从。所以，到了一定的时候，她就会丢掉职位。

劳拉的这种情况重复了好多次，后来她终于意识到了自己的问题。她把老板理想化，把他变成自己的父亲；父亲曾经控制她，她想要取悦父亲。在这种**反向形成**中（还记得我们前面提到过这种防御机制吗？反向形成就是把自己的感受表现为反面的情感），劳拉通过把老板理想化，把自己对父亲的真实感情（愤怒、嫉妒和攻击）隐藏起来。她像对待父亲那样对待老板。但是，随着她的工作能力越来越强，她就越想揭露她的父亲（老板），让人知道他是个可恨的人，竭力限制她的成功。反向形成的防御机制轰然倒塌，不再起效；她做出不适当的举动，并且深信老板是个卑鄙小人，是个失败者——于是她被解雇。我常常猜想，劳拉以前的老板一定对她感到头疼。他们也许完全蒙在鼓里，不知道这个看起来相当出色的员工是怎么回事，也不明白自己究竟做了什么，惹得她那么愤怒和忤逆。

你是什么情况？你也感到头疼吗？我们探讨得更深一点，看看这个问题有多复杂。有时候，职场环境下形成的家庭模式相当复杂，不像我们刚刚讨论过的移情那么简单。有时候，人们在反抗家庭成员、反抗其价值观和观念的同时又依恋他们，随后又在整个工作场所表现出这种矛盾心理。工作场所太容易发生这样的事了。

明天是新的一天

我第一次见到斯嘉丽时，她40岁，是一家跨国制药企业的广告部管理人员。她来自白人中上层中产阶级，出身于一个守旧的南卡罗来纳家庭。用她的话说，家庭对她的教养是"美丽又善良"。人如其名，斯嘉丽长得很美，一头黑发，一双亮晶晶的绿眼睛。她的父亲是成功的律师。母亲是虔诚的基督徒，积极参与慈善活动。她的父母总是预言，可爱的斯嘉丽会早早结婚，生"一大堆孩子"。她的姐姐相貌平平，是个书虫，他们估计她会成为职业女性。后来的情况却是，姐姐早早结婚，有了三个孩子，帮助母亲从事慈善事业。

大学毕业以后，斯嘉丽搬到纽约，开始在广告业工作，并且职位稳步提升。她头脑灵活，有创意，她的工作几乎无懈可击。她经常加班工作，从不外出就餐。她后来结了婚，丈夫对工作几乎和她一样投入，他们没有孩子。她办公室的门总是向下属敞开，她承认自己不太懂得授权。每当她为了完成项目加班到很晚时，就感到挫折和生气。她痛恨员工占用了她太多时间，但是又觉得，"如果我放手让他们自己干，事后我总是不放心。"此外，斯嘉丽的秘书是个单身妈妈，有个女儿学习不好，秘书经常要求斯嘉丽对自己做出让步。斯嘉丽的丈夫汤姆说，这位秘书就是斯嘉丽的"慈善活动"。

斯嘉丽38岁的老板对她的表现很满意。他经常旅行，他不在时，斯嘉丽接手为他处理各种事务，"让他有面子"。他在评估中写道："斯嘉丽是那种让所有其他人显得差劲的员工。"到了斯嘉丽给下属写年度评估的时候，她连着几天踌躇不定。她觉得自己有责任得出完全公平和准确的评价。她的直接下属朱利奥的业绩没有达到预期，她把对他的评估重写了好几遍。她对丈夫说："我很难过，我觉得自己很冷酷。可怜的家伙。他很努力。如果

第四章 当企业再现家庭模式时：谁是你爸爸？

有人给我这样的评价，我会死的。"

过了几年，斯嘉丽升到了总监职位。她把这个消息告诉家人时，为自己的头衔感到不好意思，为她的薪水感到羞愧。父母和姐姐说："祝贺你。"他们没有多问她什么，这个话题再也没有人提起过。

斯嘉丽在升职三年、收到年度考评之后来见我。这一年她过得很辛苦。她成功地完成了一个难度特别大的项目。到了考评时，老板给她做了通常的优秀评估。但是这一次他说："我本来希望今年提名你当副总裁。你的工作达到了副总裁的质量，但是委员会的其他人不予批准。他们说，他们对你不够了解，对你做了哪些贡献不够了解。"

斯嘉丽百感交集。起初，她感到惊讶，还有点难堪。她从来没有想过自己有朝一日会当上副总裁。她意识到这个职位把她吓了一跳。但是渐渐地，她的感觉变成了愤怒。"如果他不把我的贡献据为己有，他们就会知道我工作多么卖力，"然后是这样的想法，"这到底是一种怎样不公平的制度？我这么优秀，工作这么努力，我应该得到回报。"

显然，斯嘉丽头脑聪慧，具有把工作做好的出众的业务能力；她是业绩优异的员工，她与其他人也相处融洽。同时，她娇惯自己的员工，过于认同他们的感受，她替老板完成了许多特殊项目，她不喜欢自我推销。她的老板欣然利用这一点让自己得到好处。这种行为导致斯嘉丽的事业停滞不前。她心怀怨恨，觉得自己没有得到应有的赞赏。

在接受密集的注重心理意识的教练过程中，斯嘉丽认识到，她总是为自己事业成功感到内疚，因为这不是她从小被教养要扮演的角色。员工成了她的孩子，成了她的事业。她努力想做个南方的好姑娘，像妈妈那样，所以才造成今天这样的结果。父母对她模棱两可的态度更是加强了她的感觉：她让他们失望了。她无意识地做出妥协，那就是更加努力工作，然后因为成功而承受痛苦。

此外，如果她不吸引大家关注她的成就，她觉得，不管她取得怎样的成就都没有用。可是，如果有意识地追求升职，她又会觉得背叛了自己的家庭。要追求升职，她就要承认自己拥有雄心勃勃的天性，还要承认一个简单的事实：她不想度过妈妈那样的人生。承认这些会勾起不愉快的感觉，包括对妈妈甘心受虐的气愤和失望；妈妈必须听从丈夫的判断力，自己完全没有主张。在某种意义上，她成了她的妈妈，让年轻的老板成了她的爸爸，她迎合他，让他做主。

在谈到选择职业生涯、而不是成为家人为斯嘉丽设定的传统女性角色时，她的无意识分为许多层次，每个层次都引出了让她自己越来越无法接受并感到羞耻的感觉。她要想继续取得成功，就必须把她的无意识提升到意识层面。最后，斯嘉丽认识到，她家人的价值观已经不再适合今天的社会，她却依旧在用那套价值观妨碍自己前进。她还明白，她用不着变成妈妈那样，她用不着认同妈妈的选择，也可以爱妈妈。她认可自己具有相当的抱负。她发起一个计划，这个计划后来让她当上了副总裁。事情到此还没有结束。今天，斯嘉丽拥有自己的精品广告公司，公司的利润很可观。

斯嘉丽把父亲的形象投射到老板身上，虽然老板比她年轻。从这个例子可以看出，移情是没有年龄限制的。投射也不受性别

第四章 当企业再现家庭模式时：谁是你爸爸？

的妨碍。人们会把男老板看作父亲，也会看作母亲；会把女老板看作母亲，也会看作父亲。不过，谈到女老板，移情会发生有趣的扭曲。我在华尔街屡屡看到一种情形，那就是聪明的年轻人向年老的女上司汇报工作。年轻人通常都很自信，甚至狂妄自大，起初，他们因为女上司的强悍和精明而尊重她；假如她不是这样，就不可能成为他们的上司。但是，如果她越过了一条无形的边界，在他们心目中变得不再具有男子气，她就注定成为负面的移情对象，最终导致他们设定计划把她除掉，而他们的计划往往都能达成。

男人是女人生出来的，这个生理现象一时半会儿似乎不会改变。只要这种状况继续存在，那么，多数时候都将仍然由女人教男孩子懂得区别冷热和对错，同时给予他们似乎无条件的爱。人们很难接受怒气冲冲、发号施令、缺乏爱心的女老板。这违背了男人心目中内化的、理想化的、包容一切的母亲角色，不管这个角色是否真实存在过。

发生在两个女人之间的移情也很独特。我认识两个女人，她们是一家成功的时尚设计公司地位平等的合伙人。一个设计鞋，另一个设计手提包。她们经常吵架。一个挂在嘴上的抱怨是："你就像我妈，总是刺探，总是插手我的事。"另一个发牢骚说："你为什么不能正常地回复我的电话和邮件？你太像我爸爸了——每次一有冲突，你就不见了！"

办公室里呈现的家庭模式也可能与当前的家庭生活有关。我跟一些人谈过话，他们因为家里有一位超级能干的妻子，所以与办公室里握有权力的女上级产生了矛盾。这听起来似乎违背直觉。可是，他们虽然支持并为妻子的成功感到自在，却痛恨自己的女老板。反向形成的防御机制让他们克制了对妻子的嫉妒，然后，他们把嫉妒和痛恨置换成了针对女老板的愤怒，造成了负面的移情。

想一想你自己的移情关系和大体上的家庭模式吧。先从多年来你跟老板和同事的关系开始，还有你的助理和其他下属。也许你能对当初不甚了然的一些事情有所领悟。

如果你从来不曾把某种情感投射到与你在一起工作的人身上（即使只有一两次），那是很不寻常的。如果你没有被人投射，那就更加不寻常。投射是人性使然。我们都会投射。最初也许是一种进化过程中的自我保护，我们寻找两种关系中的相似之处，以帮助自己理解和适应新的关系。但是随着人类的进化，新皮质变得发达，我们的思维越来越复杂，以至于我们能够让只存在于无意识思维中的事物建立联系。

领导力，移情和反移情

如果说提升心理意识、营造具有心理意识的工作场所，需要一个理由的话，那就是避免重新上演痛苦而代价高昂的家庭生活。当然，对这种倾向形成知觉，要从你做起。

很显然，移情是领导力的固有特点。人们向强大的人寻求解决问题，期待他做出承诺，创造可能性；他会带领他们走出荒野。但是如果移情过度，对移情的需求过多，就会发生危险的事情。当人们追随领导者，领导者鼓励他们违背自己先前的价值观时，情况就会很危险。在幻想中，领导者成了强大的、无所不知的父母，这样的移情十分诱人，人们会因此放弃自己原有的信

第四章 当企业再现家庭模式时：谁是你爸爸？

念。领导者的自恋在追随者那里产生了次级自恋，他们分享理想化的统治者的辉煌并为之陶醉。这种理想化是不可持续的；追随者很少能够真正分享辉煌，最终只会感到失望和愤怒。历史上无所不能的统治者轰然倒塌的例子比比皆是。

我们碰巧生活在这个时代，它有一种文化：在人们趋之若鹜的名利场上，商业领袖是新时代的英雄。人们幻想成为史蒂夫·乔布斯（Steve Jobs），他被抬到与亚马逊创始人贝佐斯和巴菲特等一样的高度，成了新的理想标杆。媒体积极推波助澜，把对他的移情变成英雄崇拜，仰慕者对他只有幼稚地依赖和顺从这一种态度。虽然社会鼓励英雄崇拜，但这却不是培养具有独立精神的思考者的方法，也不符合乔布斯等人迈出第一步的实际情况。英雄崇拜也绝不是营造具有心理意识的工作场所的方法。

想一想你的作风吧。你有没有鼓励移情？你对员工的幻想是什么？你怎样反移情？你认为他们怎么样？你怎么称呼他们？你把他们当作自己的孩子，还是像自己的孩子？你对他们的笼统称呼是"队伍"还是"伙计们"？他们是你的人，还是你的团队？大家伙？手下？姑娘和小伙子们？

你对他们有多大的诱惑力？我的意思不是指性诱惑，虽然性诱惑也许也是无意识层面的要素之一。具有人格魅力是要承担责任的。情况应该是这样：他们想追随你，追随你的幸运星，是为了让他们自己而不是你得到好处。

你希望清清楚楚地表明双方的真实关系，而不愿助长他们的想象。许多年前，我被请去分析一种局面。一位女助理为一位杰出的公众人物工作。她对他的占有欲越来越强；他要见谁，不要见谁，要由她决定。他没有结婚，她也没有，他们之间不曾发生过浪漫关系。她送花给自己，却假装是他送的，他发现以后感到十分震惊。我在调查后发现，他在不经意间鼓励了她的幻想：他让她到他的公寓，帮他收拾衣物，包括临时出差时收拾私人物品，他还送她去为他购买私人物品。这个故事的结局不太好。

在职场当中，利用别人是很容易的，所以，保持适当的边界至关重要。你应该鼓励形成一种警觉的企业文化，不要发出含混的信息。如果你是领导者、经理或者上司，如果你有下属向你汇报工作，那么，你就是权威人物，他们可能在你身上期待一些东西。权威赋予你的责任要求你必须明白一点：你其实不了解你的下属，也不知道他们为什么会成为你的下属。

你不需要了解背后的原因，这不是你的职责，你只要认识到你不知道背后的原因即可。原因也许很多：他们的生活中发生了一些事情，他们体会过缺乏掌控的感觉，母亲从来不爱自己，父亲认为自己没有价值，兄弟姐妹争斗不止；父母为他付出了牺牲，他要为了父母而追求成功；也许发生了自然灾难，给他的家庭造成了重创，他们变穷了，所以经济成功对他来说变得极其重要；年轻的兄弟姐妹死于癌症，让他产生了持久的非理性的负罪感。职场可能触发无穷无尽的对往事的记忆或者让往事重现。这一点你可以笃信不疑。

你的责任是始终抓住事物的本质。不要被细枝末节混淆视听。事情似乎溢出常规时，你就要要求对方给出说明，并重申边界。你要帮助人们记住，他为什么在这里工作，他的角色是什么，他为企业做出什么贡献。你让他们牢牢地立足于当前的现实；不多不少，恰如其分。

第四章 当企业再现家庭模式时：谁是你爸爸？

首先，要了解你自己，要清楚地知道你的生活中哪些事务尚未完成，你如何请别人参与进来。情况也许非常微妙，你的初衷也许是好的，但它却可能在某个人内心掀起涟漪。前不久我跟某私募股权公司的一位女士谈过话，她不明白自己最赏识的一位团队成员为什么做出那样的反应。她认为那个年轻女人极具潜力，所以准备给她升职，让她承担更大的责任，但是这个年轻女人却对她做出了消极的反应，而且对她全无感激的表示。年轻女人对她说："你对我太苛刻了。你就像我妈妈，总是给我施加压力，让我做得更好。你总觉得，我什么事情都做得不够好。"

这位女高管非常震惊。她向我承认，她对这位员工的要求比其他团队成员严格，因为"她比他们出色，可以做得更好"。她知道这个年轻女人的妈妈是一位知名的房地产企业家，以强悍著称。但她从未想过，她的行为对那位女员工意味着什么。她在女员工身上看到了年轻时的自己，想起了自己的导师当年怎么督促自己奋进。在她看来，自己的做法是适当的战略，而对那位女员工来说，她的做法却严重地破坏了她们之间的关系，对女员工造成了二次伤害。那次谈话后不久，那位新近升职的女员工就离开了她的公司。

女高管很伤心。她明白，当初她没有意识到自己的动机，即让女员工取得成功。她想当女员工的导师，就像她曾经受过导师的指点那样；她想让女员工取得成功，就像她当年取得成功那样。但是，这一切更多地是为了她自己，而不是为了那名女员工；女员工自始至终表现出许多迹象，说明成功不是她想要的。

给别人当导师会造成各种各样可能的移情，许多是积极的移情，但也有相反的情况。理论上，给别人当导师是件好事，现实中往往也是如此。一个阅历更深、在企业内部确立了地位的人，可以与一名具有栽培潜力的下级员工相互匹配。有时候，人们在本企业以外寻求指点，对方也许是该领域的专家，能够提供广博的知识和经验，但是不必忠诚于这家企业。妇女团体和各种各样的权利保护者经常会宣传推广一些很受欢迎的导师项目，为年轻人提供接触少数成功的专业人士的机会，后者可以提供指引和洞察，充当榜样人物。

让人敬重长者绝不是一件坏事，知识渊博的长者可以提出睿智的忠告和明智的建议。在我们生活的这个时代，没有那么多叔叔阿姨伯伯婶婶可以求教；人们也不能像几百年前那样，得到来自牧师、拉比和神父的帮助。不过，如果导师没有意识到自己能给予年轻人什么，年轻人没有意识到自己对导师有何期待，就会产生问题。

如果身为导师的你具有想要在年轻人身上打下自己烙印的无意识需求——如果你喜欢导师这个身份胜过喜欢给予其指点，如果你不懂得积极地倾听，而是倾向于自以为是地教训别人，你就会造成负面的移情，让双方的体验变得不愉快。你指导的对象可能会自信心降低，失望增大，这也许会引发其他负面关系，因为寻求导师的人往往在生活中并没有别的求助对象。另一方面，你也会产生负面的反移情感觉，你觉得厌烦，觉得对方浪费了你宝贵的时间和丰富的知识。

我清楚地记得，有个年轻人对我说，他的导师让他失望，因为导师没有为他找到工作。导师帮助他填写了申请，准备了面试，这些都不算。这个年轻人对双方的关系抱有过于宏伟的幻想，以为它将弥补他生活中的一切不足：他没有父亲，没有钱，

第四章 当企业再现家庭模式时：谁是你爸爸？

不受关注。

你如果对别人抱有期待，更多是为了改善自己的生活，那么就会造成和招致没有益处的投射。哈里·莱文森（2002）投入大量精力研究心理契约的重要性，这种心理契约存在于员工与企业之间，也存在于你和每位员工之间。工作关系的性质本身导致他们要依赖你。员工如果完成工作，你就要付钱给他；这意味着他是依赖你的。这种依赖开启了家庭关系的全部投射，开启了投射性认同、移情和反移情等种种感受。

员工用自己的感受和幻想向你发起攻击，你可以对之予以反击，持续而频繁地澄清双方的心理契约。你制定政策和程序，向员工说明，在你的公司，他如何能够取得成功、得到升职、赚更多钱和实现抱负，你让公司的制度行之有效。

他们因为做事得到回报，而不是因为你是个慷慨的好姑娘或者好小伙，仁慈的母亲或者父亲。这是一份协议。你没有盼咐他们信任你。你赢得他们的信任，因为你本真、诚实、透明，并且足够谦卑，愿意回答也愿意提出"为什么"的问题。现在，你已经懂得，具有心理意识是做到上述几点的前提。你与他们的接触越是以现实为基础，他们就越会有意识地保持双方的真实关系。

现在，你也完全知晓，人们来上班时背负着许多包袱。你是领导者，你必须帮助他们检查这些包袱。他们要在职场以外寻找更加合适的地方放下包袱。

一天结束之际，你和他们形成了某种家庭关系。但这是他们报名加入的一个家庭；他们应该期待这个家庭存在相互尊重、公平和公正的边界，它为他们自身的发展和做出贡献提供机会，它要求他们把一些东西留在身后。他们离开时，你应该有这样的感觉：这个地方因为他们曾经来过而变得更好了。试着让这种情况发生吧，就看你的了。

到此为止，我们基本上是在学习你必须掌握并付诸应用的心理学知识，这些知识与你自己和每位员工有关。但是员工很少是单独工作的。许多员工在一起工作时，职场态势会发生明显的变化。我们来看看，你怎么才能不让团队和群体变成相互厮杀的帮派。

第五章　当人们在群体中发生退行时：是团队还是帮派？

　　个人发生精神错乱很少见，但是对于群体、政党、国家、时代而言，精神错乱却很普遍。

　　　　　　　　——弗雷德里希·尼采（Friedrich Nietzsche）

　　从小到大，你都属于"多数派"吗？中学时怎么样？大学呢？你是否记得，有一次，你希望自己属于某个群体？大多数人在人生的某个阶段，都有过类似的体验。作为局外人向里面张望，是什么感觉？

　　你是否记得，有一次，你被接纳成为群体中的一员？你当时是什么感觉？你被群体接纳之前和之后，你是同一个人吗？群体的精神是很难抗拒的，人们常常在群体中做出判若两人的行为。群体的最佳状态是团队，几个人通力合作，群策群力，为了共同的目标完成一项任务。但群体也会沦为帮派，人们失去自己的观点和价值观，做出自己单独行动时绝对不会出现的行为。这是心理原理 5 造成的。

心理原理 5：人们在群体中会发生退行。

群体有个最明显的特点是，它会淹没个体，模糊个体的责任。所以，小孩子经常互相指着对方说："不是我干的，是他干的。"在群体中，责任被分摊。人们可以在群体中躲藏，即使做出不良行为也不受惩罚。

你心里想，这听起来很幼稚。你说对了。**退行**是一种防御机制，它让我们退回到早期的生活阶段，退回到原始、幼稚的行为方式。人们为什么发生退行？与我们前面讨论过的其他防御机制一样，退行是我们对某些不想面对的感受或者情况的应对方式。我们在成长的过程中，退行也会作为成长的一部分自然地发生。大孩子在经历艰难的适应时期，比如进入中学时，有时候会做出小时候的幼稚行为，比如搂抱玩具熊。成年人在经受创伤性的体验后，也会蜷缩成胎儿体位或者用被子把自己蒙起来。

人们在工作中为什么会发生退行？

人们总是给企业赋予家长般的品质。毫无疑问，今天的企业不再像过去那样会满足这种幻想。但是人们来上班，不管是在一家5人还是5000人的公司，人类的相同需求都会浮出水面。他要感到安全、受保护和被接纳——这与他第一天上幼儿园和第一天上大学是一样的。他与别人在一起工作时，希望自己有归属感，被喜欢，被选中，就像他在体育馆与队友站成一队，希望被教练挑中去踢球，或者他去试镜，希望被戏剧社团选中。

有时候，企业的氛围不能给人以安全感，结果导致员工发生退行。也许是由于明摆的现实，比如即将发生裁员或者合并；也可能是由于人们普遍觉得，事情不该是这样或者事情不是看起来

第五章 当人们在群体中发生退行时：是团队还是帮派？

这样，他们感觉到了危险。如果企业似乎不能给人安全感，人们就会几人一伙团结起来，在自己的工作小组或者团队中寻求安全感。

出于某种害怕暴露或者缺乏自信的无意识心理，有些人与别人在一起时，很容易失去自我。我有过一位临床患者叫埃德，他是一位工程师，拥有多项发明专利。他很聪明，但他在团队工作中从不口头发言，这导致他的想法经常被别人据为己有。埃德由父亲教养长大，他的父亲是武装部队的一名将军。在饭桌上，父亲的控制欲和施虐欲暴露无遗，他无情地提出各种问题，对埃德和他的兄弟姐妹进行操练，又冷酷地批评他们给出的回答。埃德是最小的孩子，他尽可能躲在最后，让哥哥姐姐们承受最多的责罚。

当人们需要群体所许诺的安全感时，不管他是出于个人原因还是为企业的安危担忧，他都会设法融入，这融入往往以他的观念和价值观为代价。他发生了退行，这表现为他做出妥协，失去个人观点，采用群体的观点。他会为了自己绝不会讲的笑话哈哈大笑。他会忽视恶意或者不适当的话语。

由于众人的默许，群体被恃强凌弱者、自恋狂和暴君接手的时机就成熟了。有时候，这些群体的领导者是现实中的老板或者项目经理，有时候是趁机掌握控制权的投机分子。他利用自己的人格魅力和说服力，恐吓和胁迫别人屈从自己的观点。谁也不想成为他攻击的对象，谁也不敢承受被群体排斥在外的风险。同样，群体中的其他人也会施加同辈的压力，让群体保持团结和共谋状态。

还记得我们前面讨论过的投射吗？这种强有力的防御机制让

我们把烫手的山芋丢给别人，也就是自己不想面对的情感或者冲动。唔，在群体环境下，投射发挥的作用格外强大。群体当中有形形色色的人可供选择，我们倾向于挑选一个似乎与我们想要除掉的东西相契合的人。举例说明，一个恃强凌弱者会察觉到某个人曾经受过欺凌，他会把自己的脆弱感投射到这个好欺负的人身上。恃强凌弱者为了抗拒自己的恐惧，抗拒自己曾经受到欺负或者虐待的记忆，就会攻击这个好欺负的人。

这个受害者就成了恃强凌弱者投射的接收者，进而为整个群体承担起受害者的角色，因为他认同了这种投射。这就是投射的延伸，叫作**投射性认同**。同样，恃强凌弱者成了群体其他成员的愤怒和攻击性投射的接收者。结果就是，一个人接收了群体的软弱和怯懦，另一个人接收了群体的愤怒和攻击性。群体中的其他人觉得得到了解放，他们没有负罪感，因为他们没有意识到，自己的愤怒和软弱分别被恃强凌弱者和替罪羊接收，并且通过行为表现出来。

我见过有些公司的群体表现得比操场上打架的学生和大街上的帮派还要残忍。尤其是 20 世纪 80 年代和 90 年代，股票销售和交易场所绝对不适合心理脆弱的人。它们更像兄弟会，里面有不成文的规矩，规定谁被接纳，谁被折磨，谁被消灭。我听过这样一件事。一家相当成功的公司有几个酷男孩，他们在周末寻欢作乐瞎混一番后，周一早上带着明显的宿醉回去上班。上午开会时，他们决定打断报告，把周末弄到的汽车挡泥板挂在埃米尔的办公桌上方。埃米尔被他们列在消灭对象的名单上。他们给埃米尔取了许多侮辱性的名称，最温和的也许是"败兴鬼"，因为埃米尔在交易时不喜欢冒险，还因为他拒绝骚扰女员工。

第五章 当人们在群体中发生退行时：是团队还是帮派？

埃米尔不合群，因为他保持着自己本来的样子。他待人礼貌，说话和气，并且采用谨慎的交易战略。他不跟大家一起去脱衣舞俱乐部吃午餐，他说话时不一口一个脏字。这天上午，埃米尔再也受不了了，他恳求他们从他的办公桌上下来，不要把生锈的挡泥板挂在他头顶上方，如果它掉下来，会把他的脑袋砍掉。表面看来，整个大厅一片混乱，人们看到这一幕，笑得前仰后合。这时候，不可避免的一幕发生了——挡泥板掉了下来，还好没有砸中埃米尔，但是砸到他的桌上，把他当年在越南拍的家庭合影砸得粉碎。埃米尔坐在地上大哭起来。除了这个崩溃的男人的哭泣声，整个大厅都安静下来。

埃米尔当天离开了公司，再也没有回来。给我讲述这件事的女人告诉我，埃米尔照片里的家人都已经不在人世，他小时候，他们就在越南战争中死去。她是唯一知道内情的。那家公司居然容忍此种坏男孩的行为，这个事实透露出了当年金融界企业文化的很多信息。

一个群体接管交易大厅、教室、运动队或者家庭教师协会以后，很容易成为帮派。还有一种与投射和投射性认同相关的防御机制叫作**分裂**，分裂对群体变成帮派是至关重要的。有人认为，婴儿时期，分裂是婴儿搞清楚自己是谁、别人是谁的一种适应方法。随着我们越来越成熟，我们也许会更多地把分裂用作防御机制，即我们把自己或者别人的某些部分整个分裂出去。分裂的问题在于，它导致非黑即白的观点：一个人要么全好，要么全坏（可以回想一下，在第三章，阿诺德用分裂来应对雷娜塔的挑衅）。全面化是较为健康的反应，即我们认识到，一个人会做我们喜欢的事情，也会做我们不喜欢的事情。高度依赖分裂、把分裂作为防御的人是很难与之共事的，因为他的情感、观点和行为都很极端，他会在自己的内心草率地把别人从圈内排除到圈外。

如果群体像帮派那样行为，那么，它就会把自身不可接受的部分分裂出去，投射到别的群体身上，造成"我们对抗他们"的极端心态，就好比《西区故事》(West Side Story)中"鲨鱼帮"与"火箭帮"的对峙。有些移民无奈形成帮派，是为了缓减压力、痛苦和无助感，因为他们被主流社会排斥在外。他们的形象被模式化，反过来，他们也把别人的形象模式化。帮派可以根据性别、种族、民族、年龄和社会经济地位等条件形成。一个群体想把自己的一部分分裂出去并由另一个群体代表，自己与那个部分保持距离，就形成了帮派。

企业可能会成为终极的帮派，在这种情况下，在企业文化之外发挥作用的亚文化整个是退行的，完全屈服于肆无忌惮的野心、自负和傲慢。安然公司是个绝好的例子：公司认为它可以自行制定规则，不受法律约束，并且不必为后果承担责任。如果有员工大声说出自己的想法，就会遭到排斥或者解雇。意大利、爱尔兰和俄罗斯等地的黑手党使用类似的操纵模式，虽然"终结"(terminate)这个词的含义稍有不同。

如果员工不能因自己本来的样子得到欣赏，如果他们接收的信号是顺从、融合、保持一致和不惜一切代价地支持公司，那么，整个企业就会处于退行状态。有时候，强大的CEO具有人格魅力和创造力，但他身边却围绕着一群乏味、缺乏想象力的直接下属和部门负责人。如果CEO不能在思想自由的环境中成为榜样，重视每个人的贡献，那么，企业的高层团队就会全部由战

第五章 当人们在群体中发生退行时：是团队还是帮派？

战兢兢、唯唯诺诺的男女组成。

前不久就有这样一位 CEO 向我感叹，他不明白他的人怎么那么缺乏活力和创意。他知道他们都很聪明，可是，他不得不费很大的劲才能听到他们的观点。我观察了他和团队一起开会、然后他的下属又与自己的团队开会的情形。我清楚地看到，他们都对这位 CEO 感到害怕。他粗俗、固执、聪明，从一切方面看都比他本人的形象更为高大。在他面前，人们很少能够坚持自己的立场。他们害怕自己显得愚蠢，害怕被解雇，所以他们都把自己的锋芒掩盖起来。但他们在管理自己的团队时，又把同样的恐惧灌注下去，结果他们自己的手下也感到害怕，在考虑问题时过于谨小慎微。

这种四处弥漫的焦虑造成了退行而压抑的企业文化。结果，他们用行动向彼此表达由恐惧和挫折感造成的愤怒。有些人因为缺乏创新而受到指责，成为替罪羊，这进一步强化了每个人的恐惧和不安全感。

当然，你知道这种情况下必然会发生什么。这位 CEO 要对自己的性格有所意识，要意识到他的性格怎样在不经意间营造了恐惧的企业文化。还记得领导者具有自我知觉是多么重要吗？他的手下不像他以为的那么傻；而是他压抑了他们的创造力，当初，正是他自己无意识地要求他们因循守旧，事事服从。他拥有的不是一个团队，而是一个帮派，他是帮派头目，一个有自己主张和观点的恃强凌弱者。人们怎么敢冒险向他提出质疑呢？

群体思维不一定会退行到不良行为。另一种结果是退行到安全、无聊、缺乏想象力的行为。群体仍然不肯打乱常规，而是在服从中寻求安全感。个人意见受到内心和外部的审查。

怎么打造前进而不是退行的群体

你想拥有什么样的企业？对于企业处在何种意识层面这个问题，最简单的衡量办法也许是观察一下团队履行职责的情况。如果你是群体的领导者，也是群体的一分子，请你想一想群体在发生什么。在你领导的群体中，你是被指定的领导者，还是你主动承担起领导者的角色？你是否营造了人们可以发表不同意见的氛围？是不是每个人都会发言？谁倾向于占据主导，谁大多数时候不说话？有没有经常讲的内部笑话？这些笑话是以某个人为代价吗？

如果你是团队成员，你是否觉得你能自由地表达观点，即使你的观点与领导者或者群体的大多数人意见相左？有没有对某人故意找茬的情况？你和同事在一起有安全感吗？

在你是团队的领导者或者团队成员这两种情况下，团队是否都能赶上最后期限，达成目标？工作结果是富有创意，还是产品、项目和解决方案都是熟悉的重复？

团队成员开会时是否都带着预先准备好的议事日程，他们的行为是否表现出对其他与会人员的时间的尊重？召集会议时，是脑海中有明确的目标，还是为了营造并不存在的取得进展和通力协作的表象才安排时间开会？

你希望自己的企业具有高效合作的特点，那么，作为领导者，你可以做出表率。员工经常诉苦说，开会浪费时间，占用了他们达成目标所需要的时间，那些目标是在富有成果的会议上确立的。如果召集开会是因为缺乏安全感，因为项目没有进展，或

第五章　当人们在群体中发生退行时：是团队还是帮派？

者因为领导者需要关注或者安慰，那么，团队成员就会退行。为了表达气愤和厌烦，他们会做白日梦，找替罪羊，说闲话，发电子邮件，发短信，千方百计避免手头的正事。会议结束时，要评估一下此次会议达成了哪些结果，要征求团队成员的意见，问一问为什么、什么时候召开下次会议，会上要讨论什么问题。

最后，你自己必须想一想，工作团队是否支持各部门的目标，是否交付了他们承诺达成的目标？他们是主动寻求其他部门合作，还是单打独斗，发起独立的举措？你会看到，避免"我们对抗他们"的心态和想法是多么重要，尤其在一家公司内部。如果公司各部门高度隔离，就会产生"我们对抗他们"的明显结果。我发现，公司经常认为某些业务单位是局外人，这种认识大体上是无意识的，比如人力资源和会计等非收入部门就经常被认为是局外人。人们觉得受到人力资源政策和流程的欺骗，人们痛恨会计法规的繁文缛节。高层领导常常做出榜样行为，不重视这些支持系统，但支持系统却是经营企业必不可少的组成部分。这就给人们发出了信号，一个部门或者一个人的价值，全看他们对利润的财务贡献，但这却是短视的评估方式。

如果企业由负责任、具有意识的领导者管理，就能克服这些问题，他（她）会主张个人或部门之间相互尊重和高效合作。但这种文化是不会自发形成的；打造企业文化，对群体发生退行的可能性和必然性保持警惕，是团队工作成功的关键。如今这一点比商业史上以往任何时候都更加重要，因为有三大因素对群体和整个企业的效率造成影响。

首先，技术加快了工作和周转的节奏，增大了员工恰到好处地分配时间的压力。为了兼顾遍布全球的工作队伍，白天和夜晚

89

随时都可能开会，因此，安排时间表常常成为员工个人和后勤部门的噩梦。其次，由于上述要求，员工与同事面对面的接触减少，他们之间很少存在真实的关系。共享的信息往往用电子邮件或者电话会议传达，这就为误会和曲解留下了广阔的空间。憎恶、怀疑和投射大量充斥职场，并且用温和或者有意作梗的方式表现出来，比如"忘记"邀请某人参加电话会议，比如没能为召开跨越半个地球的会议准备好所需要的重要文件。

对群体的效率造成影响的第三个因素是一种"怎么都行"的社会现象，这种现象已经侵入了职场。在这种情况下，你如果能够营造文明礼貌的工作场所，那么，你也许能够为员工相互合作做出最大的贡献。

文明有礼为什么重要

还记得我们的老朋友西格蒙德·弗洛伊德吗？当人们卸下文明的防卫，允许无意识不得体的那一面在世界上为所欲为，会给文明造成什么结果？关于这个问题，他发表了洋洋洒洒的论述。他的观点是这样的：既然我们的天性既有黑暗也有光明的一面，如果一群人的黑暗面聚在一起，就会给人类造成巨大的痛苦和灾难。几百年来残酷的战争史证明了这一点。每个人都必须努力压制自我的原始的、不受拘束的部分，弗洛伊德（1989）把这个部分称为**本我**。用弗洛伊德的术语，社会通过灌输"禁忌"帮助压制本我，禁忌是法律、规则、道德和习俗的根本，在一定程度上阻止我们做出诸如杀人、强奸、乱伦和偷窃等行为。此外，每个人还有个人的价值、批评和要求的体系，让自己遵守规矩。弗洛

第五章 当人们在群体中发生退行时：是团队还是帮派？

伊德把自我的这个部分叫作**超我**，它不仅由社会形成，也由我们已经内化的父母的期待形成，教育和宗教在我们成长过程中的影响力又把它进一步加强。

现代社会有个问题，那就是，我们失去了许多禁忌。虽然其中一些禁忌，比如性别隔离和种族隔离，肯定不会被人怀念，但是，我们好像沉溺于这种全新的自由感当中，不知道应该在何处止步。再没有多少东西阻止本我释放它的欲望和冲动，因为我们不赞成压抑本我，而是鼓励它全部释放出来。根据弗洛伊德的理论，在本我和超我以外，第三个也是最后一个部分是**自我**，它的作用分为两个方面：（1）安抚超我的要求；（2）让本我接受现实，接受外部世界的状况，从而遵守现实的原则。有趣的是，当前的电视真人秀节目表明，由本我而不是自我来支配现实、超我完全没有发言权时，会是什么情形。人们似乎认为，想说什么就说什么，想做什么就做什么，甚至或者尤其是以他人为代价，这才是生活的目标。这种现象对社会造成了明显的影响，尤其是对年轻人。

社会文化的这种变化给职场造成了特殊的问题，因为这些新习惯不知不觉进入了人们的互动方式，群体尤其容易接受和分享不适当的行为。当然，多数是在没有意识知觉的情况下。我每每感到惊奇，有些来自街头或者电影中的表达方式，常常被某些行业采用，并很快成为群体词汇的组成部分（比如"让我看到钱""有互惠关系的朋友""他是炸弹"等）。语言也许是无害的，但是，这说明现代媒体传播的信息很快就会进入人们的心理世界，产生让人喜忧参半的结果。鉴于这个原因，我们有理由害怕有人盲目模仿，发起投放炸弹和校园连环枪击事件。

请想一想你怎么使用语言。你是否成了当前一种做法的牺牲品，即口头说声抱歉，就为不良行为找到了借口，就想为所欲为而不受惩罚？几天前，我看到一个人推着满满一车东西从走廊经过，车子撞到人们身上，碾轧了人们的脚趾，他一路大声说着"抱歉"，一直把车推到了目的地，中间始终不曾停下来。有时候，在讨论过程中，当有人补充一句"抱歉，但是"时，他就明白地告诉你，他决心自行其是。

在近年的经济衰退中，许多人丢掉了工作。有些公司在向员工传达裁员的消息时，做得比另外一些公司好。在有些情况下，裁员显然可以让高级管理层把更多收入留给自己。愤怒再加上负罪感，导致双方的谈话非常不愉快。有位员工对我说："我在这里干了15年，从来没有出过差错。为什么老板不能对我说一句，'对不起，我不得不让你离开，因为馅饼变小了'？可是，他却说我没有做好分内的工作，还说了一大堆别的废话。我们都知道他说的不是事实。"还有一个女人告诉我，她的老板被解聘了，当时他刚刚得知在欧洲旅行的妻子遭遇了车祸，情况很危险。她给老板订了去欧洲的机票。他跑去告诉自己的上级，他家里出了事，他得去一趟欧洲。那人看着他，说："嗯，这事很难办，我正要叫你来。我想告诉你，我得放你走了。"然后，他接着说了一句："不过，这对你倒是件好事，你有时间好好处理自己的事情了。"

在这些企业中，体面、尊敬和文明到哪里去了？领导层容忍此种行为，他们发出了怎样的信息？

如果你希望团体成员彼此尊重，企业文化把人放在第一位，你就要搞清楚怎么发起艰难的谈话，你自己一定要做出榜样。

第五章 当人们在群体中发生退行时：是团队还是帮派？

你要与人力资源一起努力，制定一套连贯的政策和实践；要授权给人力资源的专业人士，让业务合伙人与他们合作，把这件事做好。首先，要建立一些程序，恢复礼貌的态度，包括公司明确期待于员工的行为规则。举例说明，如果电子邮件中出现分歧，必须安排面对面的员工会议或者召开电话会议加以讨论，而不是发送一连串恶言恶语的电子邮件，并抄送给每个人，连不相干的莉莲姑妈也不漏过。我们知道，我们常常与自己素未谋面的人一起工作，他们也许生活在地球的另一端，我们也许用一方或者双方的第二语言进行沟通。但是，知道这一点，并不能帮助我们防止误解的发生，误解常常导致爆发电子邮件大战。电子邮件对员工来说似乎是一种安全的手段，他们会在邮件中说一些当面绝对说不出口的话语。在邮件中，很容易把对方看作某种性格或者某种观点的代表，至少很容易忘记对方是个活生生的人。因为没有面对面谈过话，人们在写电子邮件时，只意识到自己的心思和想法，所以，无意识的冲动和愤恨很容易源源不断地涌出来。

我有一位人力资源部门的同事，她给自己的下属定了几条处理她所谓"电子邮件冲突"的规则。他们在生气时，或者邮件内容可能被视为侮辱或者人身攻击时，或者哪怕只是喝了一杯酒精饮料以后，都不能发送电子邮件。如果下属收到别人发来的此类邮件，邮件可能对正在进行的工作造成破坏，那么，他不得用电子邮件给出回复，而是要给对方打电话，在电话里讨论。还有，如果他收到（他认为）挑衅或者气愤的邮件，不要马上回复，等一等，再看一遍，在电脑屏幕上再看一遍，而不是在黑莓手机或者手机屏幕上。电子邮件常常会增强恶意。在小屏幕上，有些话语很容易被遗漏或者看错。

人们上班时的穿着也会增强工作场所正在发生什么的感觉。随意着装最早是从星期五便装日开始的。当年有新人向公司提议，为了吸引适当的客户，自己必须在着装上显出青春和友好的一面。只不过现在，男人穿着皱巴巴的裤子，衬衫上有污渍，女人穿着人字拖的现象已经很多见了。这看起来是小事，但是，如果人们似乎已经形成某种无意识的共识，即他们来上班时的样子可以像刚从床上爬起来，或者工作场所成了卧室的延伸，那么，他们就更容易在其他方面也做出不适当的行为。他们的座右铭是一句众口一词的答复："管他呢！"这意味着既然怎么都可以，又何必费心呢。

为了抵制个人和群体的退行，我们要确立一些禁忌。领导力必须提供一种结构，造成一种感觉，即职场的事情，从细节到大的原则都很重要。现代社会，许多父母倾向于溺爱孩子，对孩子一味纵容，与此类似，许多领导者也没有向员工传达一条信息，即房间里还有拥有智慧和经验可以传授的成年人，目无尊长会造成真正的后果。有的领导者也许性格古怪或者个性强大，能够用成功故事或者大气魄给员工造成威慑，留下印象，但这种行为与真正的领导力和举止庄重不是一回事。

倘若金融危机教我们懂得一点什么，那就是，我们需要规则和监管。规则和监管应当由政府还是企业自身执行，这里不予探讨。我想说的是，如果任由人们自行其是，他们就会发生退行，做出一些未必符合伦理、法律或者他人最大利益的决策。

你向自己的下属传递文明礼貌和伦理规范的效果好不好？如果你没有传达这样的要求，没有做出表率，没有想办法落实，那么，他们仍然会觉得你不是当真的。减少和避免发生退行的禁忌

第五章 当人们在群体中发生退行时：是团队还是帮派？

必须由你确立。你必须让大家知道，你不接受恃强凌弱、找替罪羊、言语粗鲁、态度刻薄、举止不当和违反道德的行为。

几年前有过一部精彩的影片叫作《美国总统》(*The American President*, Sorkin, 1995)，片中有一幕关于领导力的场景十分深刻。公关主任告诉总统，光是做对的事情还不够，总统还必须大声疾呼，反击对他的不公正抨击，这是对领导力的要求。当领袖雄辩地提出原则，却不坚持原则时，我们常常批评领袖言行不一。但这是对双方的要求。你也必须言行一致。你必须到场。领导者必须在场，必须发出自己的声音。片中的公关主任对总统说："人们希望被领导，总统先生；在缺乏真正领导的情况下，他们会听从任何一个走到麦克风前面的人。他们需要领袖。"人们迫切地需要领袖，他们甚至会自己推举领袖。但是请不要搞错，人们总是渴望和寻求真正的领袖。

怎么把上述思想推进一步，打造一支真正多元而包容的工作队伍呢？许多人在讲话中谈过这个问题，人们投入数百万美元支持和实施这样的计划，但是，怎样才能实现真正的多元化呢？既然你还在继续读，就说明你想了解接下来的内容。

第六章　当多元化已成趋势，员工却仍然整齐划一时：实现真正的多元

放弃偏见，永远不会为时过晚。

——亨利·戴维·梭罗（Henry David Thoreau）

你的企业的多元程度如何——在各个级别都是真正多元和兼收并蓄吗？妇女、少数派、年龄差异、种族、宗教、性别认同和性取向等情况如何？

你对实现真正的多元有多执着？即拥有一支真正多元的工作队伍，让它从各个方面（人才、供应商、客户和顾客）反映市场的需求。

如果你对上述一个或者两个问题的诚实回答是"程度不大"或者"不太执着"，那么，你遇到麻烦了，而且，你在否认（还记得前面谈过的防御机制吗？）。在经济全球化的背景下，你必须具备与来自不同世界的人相处的能力，他们的相貌与你不同，行为处事的方式也与你不同。你和你的队伍或许做不到用开放、好奇和尊重的心态包容这些差异，但是，你的竞争对手做得到。在这个问题上占据优势的最好办法是，一定要拥有一支多元的工作队伍，他们由于自身的体验，懂得克服差异与对方沟通、交往

第六章 当多元化已成趋势，员工却仍然整齐划一时：实现真正的多元

和磋商。

这意味着你必须聘用与你不同的人，对他们进行培训，给予指点和资助，促进他们发展。这意味着如果你不想陷入人才真空，就要接受一个事实：今天，人才来自各个角落。举例说明，仅在美国和欧洲，就有超过一半的大学毕业生是女性。还有无数的统计数据证实，女性和少数族裔正风起云涌，到一定的时候，他们将成为劳动大军的主导。现在，时代的列车仍然停在车站，但是它将很快满员，你必须赶快登车。

面对这个不可避免的趋势，全世界的领导者都遇到了问题。虽然企业投资了数百万美元，虽然许多人抱着良好的初衷投入大量心血，但是，大多数多元化项目却并没有产生预期或者预定的结果。为什么人们仍在感叹，女性和少数族裔无法突破天花板，进入高层岗位？这是因为心理原理6。

> **心理原理6**：人们对别人怀有先入为主的成见，这种成见多半是无意识的。

如同我们到此为止讨论过的其他信念、感觉和行为，善良的人对不真实、不友善或者不公平的事情会有所感触，有所思考。对自己的偏见（我们把别人归类和脸谱化的方式）有所知觉，对形成这种态度的根源有所意识，可以帮助我们做出更好的行为，与我们心目中愿意成为的形象相符合。

这条心理原理也许让你觉得不舒服，你做出的反应是："这条原理不适合我，我不是个有偏见的人。"不妨这样想：时至今日，进化本能和原始认知仍然让我们转向样貌与自己相像的人，寻求舒适和安全感。这是我们在前现代时期的一种自我保护方

式，如今我们仍然一眼就能识别五官与自己相似的人。为什么白人对聘用白人感到自在，原因就在这里，因为对方让他有意识或者无意识地想到自己。

杰基·马森（Jackie Mason）和克里斯·洛克（Chris Rock）等喜剧演员向我们发起质疑，让我们正视脸谱化的问题；我们要承认脸谱化的倾向，才会对自己的态度和行为增强意识。为了揭露无意识的脸谱化，杰基·马森幽默地承认了所谓犹太人不同于其他群体的性格特点。"你从来没有听过有人在车里说，'快，摇起窗玻璃，锁上车门，对面街上来了一群犹太人！'"克里斯·洛克用独特的方式，风趣地表达了受到歧视的愤怒；比如，他强调指出，只有非洲裔美国人被允许使用那个"N-word"[①]，并且上气不接下气地描述了在怎样极其罕见的情况下，白人才被允许使用这个词。关键是这类想法和感受是存在的；如果不是用幽默的方式，我们往往会觉得不自在，羞耻，不肯承认它们的存在以及它们对人们的生活造成的影响。

当无意识造成伤害时

我们必须承认并与之达成和解。偏见和歧视是出于恐惧和无知，不友善和不负责任又助长了偏见和歧视，它们会给人造成巨大的痛苦和伤害。现在，企业内部有许多活跃的男女同性恋群体，还有几位高管公开了自己的性取向。可是，在不太久远的过

[①] N 开头的词，一般指 nigger、nigga 和它的变化词等，是对黑人的蔑称。由于这些词政治不正确，提到时常用 N-word 代替。——译者注

第六章　当多元化已成趋势，员工却仍然整齐划一时：实现真正的多元

去，还是另一种情况。金融业尤其被认为是男人的天地，女性很难容身，同性恋则绝对不可能加入。欺凌和骚扰事件频频发生，却无人过问，更别提受到惩罚了。为了保护自己的事业，青年男女竭力把自己的个人生活隐藏起来。除了每天心怀恐惧，他们的生活中也没有真实和真诚，只有事后给人造成的痛苦和对自己的厌恶。

后来，许多人终于无法忍受。我想起在纽约，有个年轻人在星期三下午上班期间结束了自己的生命。他出去吃过午饭后，入住了时代广场的汽车旅馆，然后开枪自杀。他留下一张纸条描述了内心的煎熬，他认识到，虽然他拥有MBA学位，最近刚刚升职，有大好前途，但是，为了维持这种生活，他将一辈子生活在谎言中。他受不了这样的未来。

虽然我们取得了长足的进步，但是如果以为基于性别认同和性取向的歧视已经成为过去，却是轻信误导。我们对别人抱有成见，负责任的领导者以及追随者都必须为这种状况承担责任。我们是否明白，我们从小到大的教养造成和加深了这种偏颇的观念和态度？我们为什么、以何种方式至今仍抱有这种偏见？这种偏见是以谁、以什么为代价？

想一想你日常待人处事的方式。你对待别人，是把对方看作本来的样子，还是抱有偏见？大学、法律界和司法制度一直在提升人们对微歧视的知觉力。微歧视指的是人们在相互交往时用微妙的方式有意无意地表达歧视的感觉。你知道这种歧视多么微妙——也许只是一句随口的议论，一个假笑，一种语气，眨一下眼睛等，但它们清楚地表达了谁被接纳、被俯就、被容忍或迁就。这些行为的根源是无意识的偏见。你和你公司的文化必须不

遗余力地把这个问题提升到意识层面。如果达不到细节层面的知觉，就不可能做到真正的包容。美国高级法院的法官索尼娅·索托马约尔（Sonia Sotomayor，2013，p.163）提醒我们："多元社会的活力不仅要靠多元化本身，还要靠增强某些人的归属感，他们曾经被认为、自己也觉得是局外人。"多元化和包容必须密不可分。

所以，对于"什么""为什么"这两个问题，答案就是要拥抱多元化，这是本世纪人类的进化和适应提出的要求。如果我们要创造对各方有益的可持续的贸易和交换，如果我们要承担起消除贫困、解决粮食和水资源短缺问题的责任，如果我们愿意承认，我们今天在纽约做的事，明天会在上海和孟买引发反响，那么，我们就必须成为"世界公民"。彼得·德鲁克（Peter Drucker，1993，p.214）告诫我们，要想创造成功的全球化的知识经济，就必须成为世界公民。

至于由"谁"来做，当然是你，因为面对自我、深刻剖析，必须从最高层做起。欣然接受差异，会从根本上动摇你，因为你已经习惯了身边围绕着和自己相像的人，并且觉得非常自在。你必须深刻地剖析自己，破除不由自主的歧视和偏见，寻找真实，这将扩大你的世界。但是要避开某些雷区，因为即使你有良好的初衷，实现多元化的方式也很难把握。我们来探讨一下。

常见的失策

许多 CEO 在多元化项目上栽跟头，尤其是 CEO 太天真，没有认识到这个问题的复杂性时。大家都以为项目正在取得进展，

第六章 当多元化已成趋势，员工却仍然整齐划一时：实现真正的多元

不料公司却因为职场歧视而收到了平等就业机会委员会（EEOC）或者法庭的传票。讽刺的是，我想起有好几个案例，问题就出在具体管理多元化项目的负责人身上。

我调查过中西部某会计公司的歧视案例。有人匿名控诉人力资源有歧视行为。爆料者提供的信息真实可信，非洲裔美国人卡罗林担任多元化负责人，她对待自己的两名非洲裔女职员态度恶劣。我与两位女员工面谈时，她们都说，歧视造成了抑郁和焦虑，她们为此寻求过心理和药物治疗。显然，在多元化部门，卡罗林明确地偏向其他美籍非非洲裔员工。其他员工也证实了这种情况。卡罗林嘲讽两位非洲裔女员工的外表，因为她们的着装中展示了多姿多彩的非洲图案和珠宝。卡罗林本人喜欢穿古板的暗蓝色或灰色西服，戴珍珠项链，看起来好像她退回到了20世纪80年代，这种装束是当年的标准着装。虽然多元化部门已经批准了相关政策，她却不允许她们请假或者在家工作，但是允许其他员工请假或者在家工作。当她受到质疑时，她再次轻描淡写地发表了贬低的评价，说，那两位女员工不可信任。

我与CEO面谈时发现，很显然，他被卡罗林的魅力迷住了，他建立了让她直接向自己汇报工作的流程，还公开表达过对多元化项目的大力支持。我跟卡罗林谈话时，她也肯定了他的支持。卡罗林说，年初，她和其他几位下属应邀去他湖边的房子参加聚会，当时她是多么兴奋。她经常对他直呼其名，称他是她的导师。这件事情会很难办。

调查过程中，我发现卡罗林嫁给了一个白人，她在长达10年的时间里没有把这个消息告诉自己的父母和兄弟姐妹。她交往的朋友也都是白人。人们的共识是，卡罗林在否认，她痛恨非洲

裔美国人的丰富遗产。公司内部的其他人也看到了这一点,他们公开对我谈到卡罗林的"反向色盲",这是一位员工的原话。

事态发展到糟糕的地步,直至 8 名直接为卡罗林工作或者事业发展受到她影响的非洲裔美籍员工针对这家公司发起了大型 EEOC 诉讼。CEO 十分震惊。我们在面谈时分析了他自己的偏见:他认为,少数族裔的所有人都是一样的。他明白了自己在其中起了共谋的作用,因为他没有更多地亲自介入公司事务,虽然人们提醒过他。他无意识地认为,他挑选了最白的非洲裔美国人,就是在实施多元化。但是,实际上,他仍然想留在自己的舒适域,不肯面对如何在公司实现真正的多元化这道难题。

我们寻找相似性,忽略差异性

我们为什么把这件事做错,原因是可以理解的。没有人公开探讨这个问题,这件事很难"实践"并从中吸取教训。这个例子中的 CEO 犯了错,他寻找卡罗林身上的相似点,这样他就可以忽略让他觉得不舒服的差异。卡罗林出于自己的不安全感,以及她渴望在金融界的白人世界取得成功,她竭力凸显双方的相似点,淡化差别。她进一步切断自己与其他非洲裔美国人的纽带,她的幻觉非常有效。

当我们想当然地认为,相似性,尤其是浅层次的相似性,应当压倒差异性,然后提出第二个想当然的看法,即少数群体的所有成员全都一样——他们看待问题的方式相同,追求的东西相同,这时候就会出现问题。个体差异很重要,但我们却视而不见;我们急于避免人与人之间的重大差别,我们的目光只盯着舒

第六章 当多元化已成趋势，员工却仍然整齐划一时：实现真正的多元

服和熟悉的事物。

下面是多元化决策反而破坏了多元化进展的又一个例子。

其中一个兄弟

马克尔保险公司已经有一百年历史。它从小小的家族企业起步，发展成了一家成功的跨国公司。为了在全球化的市场环境下继续取得成功，构建更加现代的企业文化，公司聘请了现任CEO。公司有个鲜明的问题是，领导角色很少由女性和其他少数群体担任。这位CEO授权人力资源部门发起一个项目，旨在聘请、留用背景各异的员工，并为他们提供升职机会。他还从竞争对手那里请来一位女高管，让她担任一个新成立部门的领导，并且让她加入了传统上全部由男人组成的执行委员会。

过了几年，在公司为之投入大量资金的条件下，CEO却失望地看到，领导层的女性角色反而减少了。他很困惑，不明白为什么没有其他女性被提名加入执行委员会。他向人力资源总监发牢骚，责怪后者没有把优秀的候选人提交给委员会。人力资源总监请我对马克尔公司的女性领导层进行考核，查明女性人才离开公司的动机，以及她们为什么不能脱颖而出。

我在调查过程中发现，许多因素都可以对有才华的女高管在马克尔公司任职所遇到的问题给出解释，包括明显的问题，比如，她们的薪酬比同级别的男同事低，升职路径更加漫长，她们的角色也缺乏威望。然而，最具破坏性的则是CEO聘请的那位女高管的行为，而且她还是执行委员会的成员。

男性高管异口同声地在我面前对她给予高度评价，他们称赞

她聪明的头脑、粗俗的幽默感,而且她从不贬低男人的价值。事实上,与她面谈时,我发现这些评价全部属实,只是除了一点,她贬低其他女人的价值!显然,她觉得她可以对我畅所欲言,不必担心任何后果;她告诉我,马克尔公司女职员的素质太低,让她失望至极。她发牢骚说,只有几个人上过像样的大学(当然,什么是像样的大学,她有一份自己开列的个人色彩极其鲜明的名单),多数女职员只配担任中层管理人员,她管她们叫作"香肠制作者"。我问她,为什么其他女职员没有被接纳进入执行委员会,她对这个问题嗤之以鼻,说:"我绝对不会让那些女人破坏我和兄弟们的关系!"这是我见过的自恋至极的表现。

显然,这个女人有自己的企图,这个企图与CEO给她设定的工作事务不一致。CEO错误地以为,在执行委员会添加一位女性成员,将有益于公司的女性职员。可事实却是,他选中的这个女人把让自己成为"唯一的女人"作为事业,并且想要保持现状;增强马克尔公司的多元化色彩并不在她的待办事务清单上。她在马克尔公司的存在对其他女职员构成了干扰,早在我介入之前,她们就把问题看得清清楚楚。她经常为较为资深的女职员举办沙龙,客人名单由她根据自己一时的兴致而不是根据职位或者要讨论的话题拟定,这在很大程度上助长了女职员的不安全感、竞争和相互之间普遍的敌意。

她动用手中的权力阻挠其他女性领导者的事业之路,这样的事件自上而下流传出去。最让人灰心的是,CEO和管理层的男高管们似乎都"被她的行为欺骗了",一个年轻女人对我说。所以,她们缺乏足够的安全感,不能说出实情。留在马克尔、想要升职的女人,都千方百计避开她的势力范围,但是因为她是执行委员

第六章 当多元化已成趋势，员工却仍然整齐划一时：实现真正的多元

会的成员，所以有时候很难避开。其他女人只好决定离开。

在这个例子中，CEO做出的假设是，所有女人都一样，所以，只要指定一个女人加入执行委员会即可，特别是这个女人在许多方面比其他女人与委员会的男性成员更加相似。可是她虽然理应对其他女人给予支持，却不肯这么做。

不过，在具体执行时，情况可能比这个例子还要复杂。如果我们采用截然相反的做法，也会陷入麻烦。

我们寻找差异，忽视相似点

如果我们对自己怀有或者可能怀有的偏见没有意识，也许就不会认识到，我们对自己与他人的差别投注了多少关注。我们也许会想方设法寻找差异，并再次向自己确认，"对方"和我们不同，这样，我们就能继续安之若素。如果我们依旧把事物看作非黑即白，坚持自己的立场不予改变，就会理所当然地停留在熟悉的舒适域。

我想起一位接受心理治疗的患者的故事。若干年前，手机还没有发明，他与来自不同种族的几个人被困在电梯里，困了三个小时。他本人是美籍意裔二代，与他同时被困的，一个是到楼里送餐的19岁美籍非裔，一个是给楼里的住户当管家的波多黎各女人，一个犹太女医生，她是楼里的住户，还有一位来探望孙女的俄罗斯老先生。除了最初响过蜂鸣器，他们与外界无法沟通；蜂鸣器给出了回复，外面的人得到了通知，将很快前来救援。

一个多小时过去了，他们很着急，很气愤，这可以理解。不过，他们似乎本能地意识到，对彼此生气是愚蠢的，他们开始互

相照顾。这位患者向我描述，过了一会儿，这群人开始彼此分享秘密。他记得自己跟那个年轻的非裔美国人说话。非裔美国人描述他以前不学好，跟不良少年混在一起，后来进了少年犯教养所。他说，这是他第一份工作，他需要它，希望饭店会相信他真的是被困在了电梯里。

这位患者和这个非裔美国人一样，从来不知道自己的父亲是谁。在治疗期间，他的种族主义观念很快显现出来，他常常满口置骂，表示不能理解"那些人"。他只看到他与在电梯遇到的非裔美国人的差别，不过"遇到"这个词恐怕太过委婉，因为在此次电梯事故之前，他从未与其他种族的人打过交道，除了互相叫骂。但是，在失去父亲这一点上，他和那个年轻人发生了共鸣。他们俩都想保护自己的母亲和其他兄弟姐妹。在短短几个小时内，这位患者就认识到，他与电梯间遇到的这个伙伴有很多共同点。在后来的治疗过程中，他对自己过去的行为表达了由衷的懊悔；他每天提醒自己，在真正重要的问题上，人们总是存在更多的共同点。

在举办研讨会时，我经常让与会人员想象一下，如果自己遇到类似的情况，与形形色色的人一起被困电梯里，自己与别人发生共鸣的可能性有多大。我曾经认识一位表演老师，他常说："同理心无非是感觉世界的想象力罢了。"我们只盯着别人与自己的差别时，就会坚持自己固有的成见，并因此失去与对方建立真正纽带的可能性。如果我们认识到，生而为人，许多本质和必然的问题是相通的，那么，差异就会成为使我们丰富的机会，而不会造成心理障碍。

几年前，我被一所社区大学请去介入应收账款部门的事务。校方一位院长忧心忡忡，因为该部门的管理者与员工相处不合，她担心那位经理会离职。显然，虽然管理者与员工相互腹诽，该

第六章 当多元化已成趋势，员工却仍然整齐划一时：实现真正的多元

部门却是这所大学工作效率极高的一个部门。

经理叫梅丽娜，40岁，身材矮壮，是希腊裔美国人。她很快显示出严肃务实的作风。我向她提了一些问题，她说，她的团队经常需要督促，如果放手让他们自己去做，工作就完不成。这个团队由五个人组成。一个40多岁的印度人，三个30到35岁的非裔美国女人，还有一个33岁的西班牙裔男人。他们已经共事三年，那两个年轻女人比梅丽娜早两年入职。

我开始调查事情的原委。我听到了两种截然相反的说法。梅丽娜和印度人赫什是一种说法，其他员工是另一种说法。梅丽娜和赫什相互理解。他们都是二代移民，父母为了在这个新国家生存下来，工作很辛苦。梅丽娜从9岁起就在父母的餐馆干活，直到大学毕业。赫什也有在熟食店给父母帮忙的类似经历。梅丽娜所嫁的丈夫在一家投资银行工作，工作出色。他们在温切斯特有一座可爱的房子，梅丽娜有漂亮的鞋子和手提包。梅丽娜坚定的工作伦理从未改变，她要求自己和团队全心全力投入工作。

我和赫什谈话时，他对我说，团队对梅丽娜的看法是错误的，他们以为她是个被宠坏的白人女孩，她不必工作，却喜欢过于苛刻地对待他们。我和团队谈话时，发现情况正是如此。在开展群体心理干预时，我让大家讲一讲自己的生平故事。我强调指出，他们遇到的问题不是工作问题，实际上，他们的工作伦理似乎是一致的，所以他们的部门才会那么成功。问题在于缺乏同理心和相互尊重，我们必须从人性的角度理解彼此的经历。

梅丽娜在团队中地位不稳，日子非常难熬。她从小到大，在学校和邻里都是被歧视和欺凌的对象。父母靠她给他们当翻译，她常常听到卖方、供应商和顾客对父母的侮辱性话语。严肃务实

的态度成了她对抗自己感觉到的痛苦和屈辱的防御，她出于自己的动机而不是为团队保持了这种风格。

除了赫什，大家听了梅丽娜的故事都感到震惊，并且难为情。他们认识到，虽然她是白人，但他们很容易认同她所描述的经历。在干预活动结束之际，大家都消除了原来对彼此的成见，而成见曾经造成恶意。梅丽娜意识到，她把自己的恐惧投射到了群体上，现在，她大可不必那么辛苦地工作，她害怕自己会懈怠。她认识到，他们之间存在许多共同点，她向大家道歉，并感谢团队工作出色。

显然，要适时地寻找我们与他人共有的有意义的相似之处，这将有助于我们忽略不太要紧的差异。要想把这件事情做得适当，我们必须对自己背负的观念有所意识，因为观念会影响到我们看待他人、看待周围事物的态度。如果我们不做自我反省，就会犯下错误。诗人、教授玛亚·安杰洛博士（Dr. Maya Angelou）是一位典范。在她面前，你会直觉地感到，她会看透你本来的样子。前不久，有人问她，她说过的话和她写的书，为什么会引起那么巨大的反响和广泛的共鸣。她说，那是因为人们"看到我们相似的地方比差异更多"（2013，p. 152）。

当我们坦然地接受根本的共同点和基本的人性时，我们就会为奇妙的差异感到高兴。身为全球化经济中的领导者，你必须把公司从代表过去成功的单调的蓝色和灰色背景上拿开，欣然接受真正的世界公民的色彩。

一年，在联合国为庆祝国际妇女节举办的活动上，我应邀发表讲话，向埃塞俄比亚妇女为抗击针对女性的暴力所勇敢付出的努力致敬。当天上午，纽约是个寒冷的大雪天。我正准备穿着通

第六章 当多元化已成趋势,员工却仍然整齐划一时:实现真正的多元

常的黑色西服出门,突然一转念,决定添加一件浅黄色外套;我仿佛预感到,一抹亮色是适当的。当女人们陆续来到会场时,我为埃塞俄比亚女性明亮而缤纷的色彩感到惊奇和欣喜。她们优雅得体地裹着艳黄而不是浅黄色,还有天蓝色、橘色、绿色和紫红色的长袍和头巾,佩戴着精美迷人的黄金饰品。这些女人从外观到言行,一举手一投足,都既表达自己,也表达非洲的文化财产,她们是强大而高贵的女性群体的成员。她们头脑聪明,成就卓越;如果有公司想要浪费这样的美、这样的生命力,使之局限在底层员工的格子间里,我对这样的公司深表同情。

我记得有一家公司曾经向我诉苦,一个女人与别人的差别之大让大家不舒服。她的差别主要表现为非洲式的发型和长长的木质耳环,她像埃及王后纳夫蒂蒂那样把头发高高堆在头顶。我始终不曾忘记,一位受人尊敬的非裔美籍资本市场高管公开说过,多年来,为了融入,为了让他的才华得到认可,他做了许多妥协,但是,每天早上,供他挑选的五颜六色的领结都会提醒他,他的个性是不容妥协的。说到底,我们的包容必须足够宽广,以便欣然接受彼此之间的显著差别,这种差别绝不能被肤色和国籍掩盖。我们的独特性不仅表现为遗传、种族、宗教、性别、性取向和代际特点,也表现为我们的个性、作风和我们对自己从何而来的表达方式,这种独特性绝不能被牺牲。

这些具有独特性的人会给你的公司注入活力,做出真正的创新和创造,并且克服差异,建立广泛的纽带。史蒂夫·乔布斯(1996)懂得这一点。他说:"我们这个行业,很多人没有过丰富多样的体验。他们没有足够的点可供连接,最后,他们对问题没有广阔的视角,只能提出线性的解决方案。一个人对人类经验的

理解越是宽广，就越能够得到好的设计。"

为了研究人们分享知识的方式，有一项研究（Arthur, DeFillippi and Lindsay, 2008, pp. 371—373）重点考察了两种合作方法："黏合——即基于相似的体验和共同的理解，与另一个人形成强有力的纽带"和"弥合——即与（背景或经历截然不同的）另一个人形成或保持纽带"。另外一项研究认为，女性天生倾向于后一种合作方法。它声称，总体来说，女性比男性善于领会别人的视觉提示，理解对方的感受，也更擅长维护关系和社交网络，她们喜欢把重点放在合作而不是竞争性事务上（Carli and Eagley, 2007; Gurian and Annis, 2008; Pinker, 2008）。女性在这些方面也许天生具有优势，但是，女性和其他少数群体形成此种能力，却是依赖的结果，他们长期被边缘化，受到束缚，在这个过程中，他们学会了建立弥合差异的关系，这个结论也是有道理的。他们渐渐认识到了提供支持和帮助的黏合力的价值，他们学会了依靠建立桥梁而不是烧毁桥梁。

一天结束之际，你一定发现，要想提升意识，正视使你无法变得开放、包容和接纳（这是对现代领导力的要求）的包袱，全看你自己怎么做。玛亚·安杰洛博士（1990）指出，我们"让无知战胜自己，以为我们可以独自存活，独自应对困难，独自身处群体、种族和性别之中"。我们必须消除这种误区，用心理意识来对抗无知。

我知道，你想实现理想的结果，可是，你内心一些阴暗的东西也许阻挠你这么做。那么，请你坚持一下；我们要挖得更深，进入你的无意识，我们要直面使你蒙昧、无法看到真正的领导力之光的东西。

第七章　当冲突、愤怒和权力对业绩、利润和安宁造成破坏时：学会驾驭它们

> 你愿生活在怎样的状态？除了冲突状态，还是冲突状态吗？
> ——克里斯托弗·希金斯（Christopher Hitchens）

你喜欢冲突吗？有多喜欢？如果你说"不太喜欢"，那么你属于大多数，其实多数人都不喜欢冲突。我在研讨会开场时提出这个问题，如果有人回答说"我喜欢冲突"，我就会警觉；我知道，我们的研讨会接下来将走上一条坑坑洼洼、跌跌撞撞的道路。给出这样回答的人要么极具创造力，要么狂放不羁，不管是哪种情况，他都会故意找茬。

冲突让大多数人不舒服，但冲突是生活中普遍存在的组成部分。我们有相互分歧的看法、观点、需求和欲望，它们导致我们发生冲突，这是不可避免的。你怎么处理由冲突引起的感受？如果已故的引起争议的记者、作家克里斯托弗·希金斯说得对，我们生活的状态，除了冲突状态，还是冲突状态，那么，我们该怎么办？生活在冲突状态不是我们应该选择的；这种状态很无聊，它不会带我们走向成功。我们要选择"生活在冲突—愤怒—权力的状态"；这才是它的全称，所以，我们要学习心理原理 7。

> 心理原理 7：冲突、愤怒和权力，你必须成为这些力量的主人，否则它们就会成为你的主人。

冲突

人们为什么避免冲突？因为他们害怕有人生气——要么自己，要么别人。如果自己生气，在头脑发热时说了一些话，就可能失去一段感情或者一次机会。如果别人生气，对方对自己握有权力，就可能引发更具灾难性的结果。所以一旦出现冲突的苗头，人们就知道，自己的境况会越来越糟，于是不惜一切代价避免冲突。

回首当年，我公司提供员工心理援助服务，我们为客户公司开展经理培训，重点放在对直接下属持续给予反馈的重要性上。经理们提出，有一件事非常难办，那就是告知下属，他的业绩不令人满意。经理们常常向其他人表达对某位员工的强烈愤慨和憎恶，可是，到了他必须告诉这位员工哪些地方需要改进、否则会有什么后果时，这位怒气冲冲的经理却变得温文尔雅，对员工的问题几乎只字不提。当然，这种做法不会让员工对问题引起足够的重视，进而改变自己的行为，最后，经理只好申请解雇员工。

经理不肯与员工发起必要而重要的谈话，在培训过程中，我们会讨论造成这种情况的种种原因。多数经理都意识到，这是因为他不想伤害员工的感情；有时候他们意识到，这是因为员工个人存在一些问题。他们通常没有意识到自己对员工的愤恨，因为员工没有把工作做好，因为员工不能胜任或者令人失望，因为员

第七章 当冲突、愤怒和权力对业绩、利润和安宁造成破坏时：学会驾驭它们

工占用了自己的时间，因为员工给自己出了难题，或者因为员工没有为自己得到的机会充分地表达谢意等。

这些反应让人感到羞愧或者不公平，所以它们停留在无意识层面，但经理们仍然为自己的反应感到内疚，内疚感又导致他们不愿意提供反馈，把问题扭转过来。在员工方面，员工参与这个哑谜游戏，是因为他害怕听到负面消息，负面消息也许意味着他的工作可能保不住，所以他会转移话题，他不听经理给出的意见，而是寻找借口或者给出个人的原因，解释自己的工作为什么不达标准。经理和员工双方的无意识思维串通起来，达成了心照不宣的共识，那就是不要纠正真实存在的问题。

我们尽量让经理们停止避免冲突；我们提醒经理，"忍耐最终会导致解雇"。后来，员工的业绩越来越让人无法忍受，部门和老板的声誉受到影响，老板希望员工"走人"。到那时，经理就不再有内疚感，不再害怕伤害员工的感情，可以尽情发泄对员工和员工造成的烂摊子的怒火了。

有时候是因为员工缺乏工作能力。缺乏技能或者必要的个性。有时候工作改变，员工不再适合岗位。有时候员工只是入错了行，他换一份工作会做得更好。有时候岗位被取消，员工必须离开。但是，多数时候，员工只是需要听到直接而诚实的反馈，接受培训，就能做好企业要求自己完成的工作。如果你害怕引发冲突而不肯这么做，那么，你必须停下来认真想一想，这是出于怎样的无意识心理。如果你心里想，"我不想伤害这个人"，请你再想一想。你如果一直沉默不语，早晚会伤害他。你的沉默只对一个人有好处，那就是你，你不想让自己觉得不舒服。你必须克服内心冲突，进入与之交涉的冲突状态，处理现实问题而不是你

113

的幻想。

人们为360度员工评估投入了大量时间、金钱和精力，为新的绩效管理模式的复杂的圆桌和评级系统投入得更多。归根到底，这些系统应该让每位员工知道，自己相对于其他员工绩效如何，自己的绩效是否符合部门或者企业的根本要求。可是，员工却往往得不到上司的直接反馈或者指点，不知道具体怎么做才能有所改进。如果你正在使用这种方法对员工进行评估，那么，你务必要把它作为额外的管理工具，而不是用作避免发生个人"冲突"的手段，你要告诉员工，他的业绩哪些方面很好，哪些方面不好，不好的地方要怎样改进。用评分和评级向员工提供的信息，绝对不能代替管理层的介入和指导。

此外，每年只在年中或者年末总结时给出一两次反馈，这种做法是没有道理的。员工无法从中学习。经理们这么做，不仅因为他们没有时间，而且因为心理上这么做很便利。亲自介入的管理没有捷径可走；背后必须付出时间和精力，要处理工作效率低下、解雇和跳槽的后果等种种问题。

生活中，谁激励你努力奋进？谁足够关心你，会苦口婆心地劝告你必须改变？谁积极参与，督促你取得进步？这样支持和引导你的人，就是你想追随的人。

1973年，哈里·莱文森写了一篇论员工激励的影响深远的文章，题目叫作"对激励的愚蠢态度"（Asinine attitudes toward motivation）。他在文章中写道，多数经理激励员工是用萝卜加大棒的方法。他请经理们想一想，夹在萝卜和大棒中间的东西是什么，回答是"一个白痴"。如果你想要一群白痴为你工作，就可以这么做；即使今天，领导者也很难不诉诸萝卜加大棒的管理

第七章 当冲突、愤怒和权力对业绩、利润和安宁造成破坏时：学会驾驭它们

风格。如果你花时间了解员工，不仅了解他们的能力和潜力，还了解他们所关心的事物，他们的梦想、恐惧和需求，他们真正的满足感来自何处，那么你就有机会触发他们内在的动机，这是比任何萝卜或者大棒都更为强大而持久的激励手段。

记住，在我们生活的这个时代，人们也许跟你不同。文化和背景不同，会产生不同的欲望、目标和成功的衡量标准。但有一点是普遍适用、永远不会改变的，那就是每个人都希望为自己、为自己做的事情感到骄傲；每个人都希望自己高效、能干，都愿意看到自己的劳动带来好处；每个人都希望有尊严，并因自己的贡献而受到尊重；每个人都希望被公平地对待，得到适当的报酬。真正受到激励的状态就是这样。

要想达到这种状态，就要亲自介入。人力资源领域在挽留人才方面出现了一种新潮流，叫作"留用面谈"（stay interview）。与"辞退面谈"不同，它是从打算离开企业的员工那里获得反馈。留用面谈的对象是那些被认为极具潜力的员工。所以，如果他决定离职，到别处工作，对公司来说将是巨大的损失。我的想法是，既然员工已经在你的公司表现得很成功，你却要问他怎样才能受到激励，你对如此宝贵的员工知之甚少，如此疏于给他提供指点和培养，那么，他也许真的该走，该到别处去工作。

一天，我跟一位彬彬有礼的先生聊天。他说，他最大的问题是不被老板关注。他与老板的面谈每每被取消；他在为自己不应该负责的事情做决策，并且害怕不符合老板的意见。他习惯于记录自己做的每件事，每周发送给老板，但是，这些电子邮件从未得到过回复。有时候，老板向他询问一件事（往往是老板的老板需要了解某些情况），如果他说，他已经发送了电子邮件给老板

做了说明，老板就茫然地瞪着他。他越来越害怕早晚有一天，他会做出错误的决策并成为唯一的责任人，他的老板会宣称自己对此一无所知，虽然电子邮件中一切均有记录。

他的老板不仅公然渎职，不该让他独自做出所有决策，还给企业造成了风险。此外，他还打击了下属的积极性，显然，老板觉得这位直接下属非常能干，但下属的创意却总是伴随着焦虑和担惊受怕。意外随时可能发生。我为这位下属提供咨询，建议他与老板做一次开诚布公的谈话，说明潜在的后果可能伤害两个人，说明自己对这种状况的感受。他告诉我，他已经开始寻找别的工作，并且参加了几次前景看好的面试。事情向来如此，且将永远如此：人们离开或者留下，都是由于自己和顶头上司的关系。双方关系良好的检验标准是能够顺畅地沟通，持续地正视冲突。

冲突本身不是问题，事实上，智力上的冲突往往会产生创意，启发新的发现。人们沉默不语，不肯排除愤怒情绪，同时以建设性和相互尊重的态度介入冲突，才是问题所在。

愤怒

> 生气很容易。但是要适时适地、以适当的方式对适当的对象恰如其分地生气，可就难上加难了。
>
> ——亚里士多德

好吧，如果人们避免冲突，是因为害怕自己或者对方会生气，那么，该怎么处理这种愤怒情绪，才能面对冲突呢？

第七章　当冲突、愤怒和权力对业绩、利润和安宁造成破坏时：学会驾驭它们

问得好。要回答这个问题，首先必须澄清对愤怒的误解。很简单，愤怒——我们讨论的不是攻击——是人类的一种基本情感，具有进化的目的，它告诉我们，我们的世界里有些东西出了问题。愤怒甚至可以充当危险或者威胁的信号，是我们保护自己的家人、爱人、财产、权利或者价值观的理性方式。如果有人利用我们，对我们撒谎，破坏信任纽带，离开我们，死去，或者以某种方式让我们心碎，愤怒是自然而然的感受。

愤怒除了是一种情感，也是一股能量；是一股要求认可并得到回应的原始力量，哪怕是被动的回应。这股能量不会自行消散；愤怒必须指向某个地方，成为别的东西。

愤怒的范围很广，从轻微的激怒到全面爆发的震怒等。愤怒可以是对某件事情的一次性回应，也可以养成持久的性格。愤怒可以让受到践踏、地位低下的人们团结起来，并鼓舞他们的斗志。有像《杀死一只知更鸟》(To Kill a Mockingbird)中的律师阿蒂克斯·芬奇（Atticus Finch）那样充满正义感的愤怒，像《飘》(Gone with the Wind)中斯嘉丽·奥哈拉（Scarlett O'Hara）那样意志坚强的愤怒，像《玩偶之家》(A Doll's House)中娜拉（Nora）那样给人力量的愤怒。

但是，如果用攻击对愤怒做出回应，那么，愤怒就会造成伤害、侮辱、毁灭、恐吓、残杀等后果，留下痛苦的遗产和引发更多愤怒，可能延续几代人。

我们很少忘记自己动怒或者别人对自己生气的情形。在意识和无意识层面，愤怒的往事总是伴随着我们。我们在第二章讨论过一点，现在到了深入挖掘的时候。

你的家人怎么对待愤怒？大家怎么表达愤怒？谁可以生气，

谁不能生气？你表达生气是用与他相似还是相反的方式？

你否认自己的愤怒吗？是否有人说过，你是被动攻击型人格？

人们是否认为你是个怒气冲冲的人？总喜欢找人争论或者咄咄逼人地吵嘴？你有时候是不是会失去控制，伤害和侮辱别人，让对方或者你自己感到难堪？

你的愤怒指向的对象是谁？哪些事情会触发你的愤怒？别人害怕你生气吗？

愤怒是一股惊人的力量，它会弥漫整个家庭，也会渗透到企业。每年，仅美国一地就报告180万起职场暴力事件。人们在工作中表达愤怒，原因有很多，比如性格差异、意见分歧、精神疾病、压力、生活事件、待遇不公等；人们愤怒，因为人们一天8个多小时上班，因为他们能够表达愤怒。有时候，他们从文化、媒体当中或者在公司目睹了一些事情，无意识地察觉到自己可以用暴力行为表达愤怒。

来自高层的愤怒显然具有极其巨大的影响力，可以造成愤怒和恐惧的文化。如果处在权威地位的人愤怒发作（他们有时会发作），所有人早晚都会听到传闻。某位反复无常的CEO在商务办公楼层大发雷霆，几个小时以后，各级员工就会在咖啡厅对这件事议论纷纷。我以前常常感到好奇，这位管理者知不知道别人在议论自己？该公司的人力资源总监告诉我，CEO不仅知道，而且很得意。然后，他从楼上下来，对电梯工和保安微笑、寒暄，好像他刚才根本不曾把电话砸在助理身上。

看到这里，你也许笑了，因为你也见过类似的行为，或者这也是你本人爱玩的花样，或者你打定主意，自己绝对不做这样的事。人人都能够从愤怒评估中获益，无一例外。我们就来做一下

第七章　当冲突、愤怒和权力对业绩、利润和安宁造成破坏时：学会驾驭它们

评估。

下面是我向管理人员（不拘男女）发放问卷后整理得出的愤怒诱因清单，他们来自不同的行业和文化。

1. 害怕
2. 挫折感
3. 批评
4. 挑衅
5. 侮辱
6. 歧视
7. 失去自尊
8. 感觉受到伤害
9. 感到脆弱
10. 难堪
11. 非正义
12. 失去控制
13. 妨碍；阻挠
14. 感到无助
15. 没有得到倾听
16. 不受尊重
17. 被评判
18. 不公平
19. 从众的压力
20. 缺少计划
21. 丢失／缺失
22. 精神压力

23. 时间压力
24. 身体不适，比如疾病、饥饿、疲倦、药物作用、激素分泌失调等

你看到自己的愤怒诱因了吗？很显然，很多事情惹我们生气。但是，也应该清楚地看到，有时候是我们自己对现实的理解导致了愤怒。举例说明，如果别人并无不敬的意图，我们却还是感到没有被尊重，这是应该的吗？是别人真的对我们进行指责，还是那件事让我们回想起了以前曾经被指摘的经历？是的，愤怒仍然会向我们发出某件事情出了问题的讯息，但也许问题只存在于我们的内心世界，而不是现实当中。我们过去感觉到的愤怒，在其他时间地点体验过的不公，也许导致我们对眼前正在发生的事情产生误解；所以，我们今天产生的愤怒感觉是不适当的，与我们目前的生活是脱节的。记住，你要知道自己背负着怎样的查令十字架，这一点非常重要。

别人投射到我们身上、投射到当前状况当中的尚待解决的冲突和愤怒，也会刺激到我们。即使正在发生的事情实际上与以往发生在我们或者别人身上的事情十分相似，如果这件事承载着过去，那么，它也会引发超乎常规的愤怒。

我们用许多防御行为来自欺欺人，不让自己对愤怒具有意识，而我们用愤怒作为对现状、对记忆或者对预期的未来事件的回应。防御行为无法帮助我们应对愤怒；防御行为掩盖愤怒，让它积蓄起越来越大的能量。

当然，我们知道，我们不应该沉溺于创伤或者放纵其他攻击性行为，就像那位大发雷霆的CEO。但是，还有哪些行为不该在愤怒之下做出呢？

第七章　当冲突、愤怒和权力对业绩、利润和安宁造成破坏时：学会驾驭它们

不能用愤怒做什么

1. 否认——记得有一句名言，"非礼勿视，非礼勿听，非礼勿言"。一个人的手在抖，脸颊通红，眼睛瞪得老大，你问他："你对什么事情生气吗？"他说："当然没有。我，生气？我没有生气，我为什么要生气？"可是他变得比哭泣的孩子脸还要红，嗓门还要大。你有过这样的情况吗？

2. 置换——这种防御机制你也是懂得的。你去踢狗，不敢踢自己的老板，这就是置换。许多人错误地以为，发泄怒火是有益健康的做法，所以他们选择更加安全的目标发泄自己的怒火，但后者却是全然无辜的。

3. 间接攻击——你无意中听到你的助理跟团队中的另一个人议论你休假的事，你告诉过助理不要谈论这件事。你决定什么话也不说，但是这天晚些时候，你拒绝批准她请假一天的要求，虽然上周你答应过她可以请假一天。

4. 自责——飓风"桑迪"对一次大型营销活动造成了干扰。虽然你一切准备就绪，但营销活动却不可能如期举行。你责怪自己不知道飓风会来。毕竟，你应该未雨绸缪，做到万无一失。你的真实感受其实是愤怒，但是看到那么多人遭受了惨重的损失，你不允许自己为了一次活动不能如期举行而生气，哪怕你为之付出了辛苦的努力。

5. 抑郁——你必须照顾年迈的双亲，这件事既累人又花费高昂，还影响到你的工作，但是你不允许自己为此感到生气。于是你感到抑郁；睡不着觉，浑身不舒服，总是想哭。

121

6. 疾病——愤怒，尤其是长期持续的愤怒，会引起胃肠道问题、心脏病、高血压、头痛、免疫力降低等。

7. 焦虑——全世界焦虑症的发病率上升之快令人惊讶，很多人出现过严重焦虑的症状："无端恐惧"。许多时候，在对焦虑进行治疗的过程中表明，焦虑是被掩盖的没有得到认可的愤怒。我以前的上司经常说，焦虑是一只持续开锅的水壶里冒出来的蒸汽。

8. 自我毁灭——当你生气的对象对你拥有权力时，这似乎是唯一的解决办法。但是请记住，这一切是在无意识层面发生的。玛丽对老板生气，因为老板把他自己分内的工作交给她做；到了向董事会做陈述的时候，玛丽意外地没有做好准备，老板不得不应对残局。老板被弄得措手不及，但玛丽也丢了工作。

这 8 种行为都是不让自己感觉到愤怒的消极做法；在可能的对愤怒的反应中，它们处在一个极端。这类消极行为的主要部分，当然就是我们所谓的**被动攻击**行为。什么样的行为是被动攻击行为，你是知道的。你告诉 IT 部门的业务合伙人杰夫，你下周二开会，需要一些资料，从今天起他有一周的时间把资料准备好。他说："没问题。"可是到星期五晚上，你仍然没有拿到资料，也没有收到情况报告。你再次问起时，杰夫的反应好像你很唠叨似的，他让你冷静。到星期一快下班时，你又焦虑又生气，几乎急得发疯。你经过他的办公室，却不见他的人影。你给他的电话留言，又发送了电子邮件，可是始终没有收到回复。到了晚上 10 点钟，你终于拿到了报告，当然，报告缺失了一些关键数字。因为会议是第二天早上 8 点钟召开，到时候你不得不勉强应

第七章 当冲突、愤怒和权力对业绩、利润和安宁造成破坏时：学会驾驭它们

付。杰夫还附带发来邮件："祝你陈述顺利。很抱歉我去不了，我明天得出差。"你就像当头挨了一棒。

像杰夫这样的人对自己的愤怒没有意识，也不觉得自己的行为不适当。在他看来，问题出在你自己身上。你太着急，太守规矩。现实生活中，杰夫觉得自己受到像你这样地位的人摆布，他没有能力面对导致自己裹足不前的问题。他承担起了受害者的角色，人人都需要他，但是没有人重视他。他很生气，他表达愤怒的方式就是被动的控制。你很不明白为什么每次跟他打交道都是这样，为什么你每次都觉得自己好像遭到了痛打。事实是，他击中的正是你的软肋。

杰夫是被动的受害者的完美代表，此外还有因丈夫不忠而长期承受痛苦的妻子，每次升职都被落下的兢兢业业的二号人物等脸谱化人物。不过，身为治疗师，我知道，他们往往举着冲锋枪。他们会用许多方法发起被动的攻击，从故意捣乱到极其恶劣的行径等。

如果说对愤怒做出的种种反应中，**被动**是一类，那么，另一类就是纯粹的、明明白白的**攻击**。很显然，这不是你希望的应对愤怒的方法。话语和行为的攻击是很可怕的，具有威胁性，让人无法忘记。对家人和员工都是这样。从对人拳脚相加，到摔东西，再到大声咒骂——这些都是攻击的表现形式，在一切地方都不合适，在你的企业中绝对不合适。

近年来有人著书立说，赞美所谓"成功"的精神变态者、更准确地说是反社会者的优秀品格；这类人能够得到他想要的东西，能够表现出攻击性。他们当中的很多人足够聪明，你看不到他扣动扳机或者挥舞屠刀，但他对别人的事业和命运所采取的攻击行为仍然

是暴力行为，并且给别人造成深切的痛苦和烦恼。这种危险的攻击行为在职场绝对不该有存在的理由，也完全没有效仿的价值。还记得吗，我们在第五章讨论过，营造文明有礼的职场氛围非常重要？在诉讼案件中常说的"敌意的工作环境"里，人们无法提升效率和创造性，处理问题也必然不可能具有心理意识。

既然上述应对愤怒的解放方案都行不通，你该怎么办？

看看图 7.1 吧。

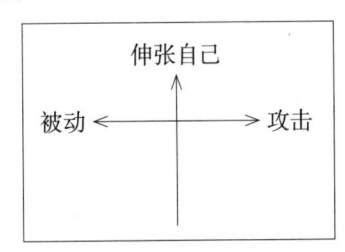

图 7.1 对愤怒的反应

你要瞄准的是中间地段——**伸张自己**是表达愤怒的积极方式。它是沟通，是承认你感到愤怒；而不是压抑愤怒，也不是发泄愤怒。它没有攻击他人的欲望。它坚决寻求解决问题。如果眼前的情况或者眼前的人再次触发过去的愤怒，你陷入其中无法自拔，那么，你就不可能做到真正的自我伸张。如果在盛怒中，你的关注点受到无意识的记忆和感情的牵绊，那么，你处理眼前事务的效果就会大打折扣。你要始终牢记这一点，因为自我伸张是积极地利用愤怒的有力方法。

可以用愤怒做什么

1. 首先要做的是认可你很生气。你要感觉到愤怒，承认它的

第七章　当冲突、愤怒和权力对业绩、利润和安宁造成破坏时：学会驾驭它们

存在。别人会意识到你的愤怒，所以你最好也对它有所知觉。不管是无意中表露出来还是雷霆大发，愤怒都会显现。如果你正在做出或被动或攻击的反应，那就说明你没有感知到自己的愤怒。你会在行动中表现出来，你不让自己感觉到它，也不知道愤怒因何而来。赶快打住。停下来。反思一下吧。认真地看看愤怒的诱因清单，你会认识到，每一条诱因背后都隐含着痛苦。愤怒的人是受到伤害的人，他们用行动避免让自己感觉到痛苦，不管这行动是理性还是非理性、正确还是错误。

2. 现在，你感觉到了自己的愤怒，想一想，愤怒告诉我怎样的讯息，我的世界在什么地方出了问题？一个客户做了这个练习后说："我不只是愤怒——我有很大的领悟。"

3. 第二件事情是总结你的问题，老老实实地想一想，什么让你生气。想想眼前，你也许对哪些事情存有误解，对哪些事情做出了过度反应；想想过去，是否存在尚未解决的愤怒在起作用。你习以为常的事情也许并不是那么回事。

4. 在这种情况下，真正让你生气的是什么？想一想这件事牵涉到的一个或者几个人。他们是故意那样做吗？他们是不是很生气？现在，你已经成为无意识心理的专家，你是否认为，对方也许由于他自己的过往而对事情产生了误解？双方的过往都被唤起，并因此发生碰撞，这种时候是很容易出问题的。

5. 想一想问题及潜在的后果。必须立即采取行动吗？如果是，你能控制自己的愤怒，不是单纯地发泄怒火，而是理性地面对对方吗？最好的做法也许是先等一等，等你冷静

下来，掌握全部情况以后再处理。也许可以先向其他人征求意见，搞清楚所有的相关信息。

6. 注意不要让闲言碎语和幻想报复的念头助长你的愤怒。要坚持面对现实。你也许想得很清楚，你不想马上发起战斗。你也许还认识到，虽然对方或者这种情况让你生气，但意气用事对你却没什么好处。理解愤怒可以帮助你做出更好的决定。

7. 如果你拿定主意，当面对质是适当的行为，那么，请你回想一下，生活中曾经有过哪些时候，你积极地处理了让你生气的事情，并取得了预期的效果。当时，你也许很冷静，你清楚地表明了自己的立场，对你的观点很自信。当时，你并不想伤害或者侮辱对方。你怎么才能像当时那样采取行动，以便取得成功，成为被人认真对待的对象？你已做好准备，清除了来自过去的干扰，现在，你可以利用自己的愤怒，表明强有力的态度。

不要等到愤怒时才去清点愤怒的相关因素——愤怒的诱因、你背负的包袱、谁不断地指责你——现在就去列出清单。现在是你与某个人取得联系、请他对你实话实说的好时候。未解决的愤怒是职场遇到问题、产生分歧、脱离轨道，以及业绩和效率受到损害的最大原因。如果你希望只对一个重大问题具有意识，那么，这应当是那个重大问题。我这样说，是因为我知道，所有其他问题都包含这个问题。

权力

几乎所有人都可以忍受逆境，但是若想考验他的品格，

第七章 当冲突、愤怒和权力对业绩、利润和安宁造成破坏时：学会驾驭它们

就赋予他权力吧。

——亚伯拉罕·林肯（Abraham Lincoln）

掌握权力就像做淑女。你如果要告诉别人你是淑女，你就不是淑女。

——玛格丽特·撒切尔（Margaret Thatcher）

对于领导者来说，愤怒和权力具有重要的关联。你是领导者，由于这个事实，你掌握着与你的权威相称的权力。你发了怒，却没有意识到这种愤怒—权力的关系，那么，你的怒火很容易成为操纵和掌控别人的一种方式，因为你处在掌权的位置。在一个人或者一群人占据主导的情况下，这不是很常见的现象吗？只要是下级，就会因为害怕掌握权力的人生气而循规蹈矩，害怕可能失去自由、丢掉工作甚至丢掉性命。

领导力伴随着责任，领导者必须明白并意识到自己的权力，以及别人如何看待这种权力，这样才能明智地运用权力，打消无意识的企图，排除愤怒，带着同情心做事。如果有权力的人故意用愤怒来控制较为脆弱的人，通常都能起效。虐待处于依附地位的妇女儿童，就是出于这种策略。职场上这种做法也并不罕见，因为人们依赖自己的工作。

我们在第二章讨论过，有些领导者喜欢用一些简单无害的事物，比如时间，对员工施展权力，加以控制。领导者经常会高估或者低估自己对追随者所拥有的权力，以及权力在无意识层面对企业面貌所产生的作用。他们会有意识地吹牛说，他们能够让人们接受和执行自己的远景展望，哪怕人们不理解自己所做的事情；他们不让员工提出自己的展望。历史告诉我们，他们能够扭

曲别人使之屈服于自己的意志，他们如此迷恋这种感觉，以至于他们认识不到或者根本不在乎这么做的后果，许多人的生命因此改变，他们的举动也许会给几代人造成影响。

喜欢虐待的老板营造了用恐惧实施管理的职场，他绝不像自己以为的那么强大，也不能达到原本可能的职场效率。用恐惧和侮辱进行管理，会摧毁人们满怀热情、富有创造性地工作的能力，使忠心耿耿成为不可能。从你握有权力的那一刻起，你就具有了伤害别人也可能伤害自己的能力。对权力和愤怒有所知觉，这一点对具有意识的领导力至关重要。工作团队战战兢兢、如履薄冰，时刻害怕你突发奇想或者长篇大论地叱责自己，这样的团队绝不可能成为具有意识的团队。

心理学家和社会学家谈论两种权力。一种是旧的传统的权力模式，即有能力主宰和控制别人，让别人做事。一种是新的权力模式，它的关注点在于，把权力作为一种高效做事、抓住机遇、提出创意和实现目标的手段。女性和其他少数群体正在探索这种新的权力模式，谈论增强别人的能力、增强彼此的能力。这些群体没有享受过拥有太多权力的奢侈，所以他们熟知传统的滥用权力的后果。

领导者要想在知识经济中胜出，就要懂得这个重要差别。想一想你公司的权力体现在什么地方。你握有多少权力？你的老板有多少权力？老板的老板呢？董事会呢？股东呢？多少是传统的权力，多少是新型的权力？

我们讨论这些原则，重点在于让你对自己和他人的心理活动具有更强的意识，因为它们影响到了表面上正在发生或者没有发生的事情。了解了正在发挥作用的深层次的作用力，就可以增强你对他

第七章 当冲突、愤怒和权力对业绩、利润和安宁造成破坏时：学会驾驭它们

人施加影响的能力，因为你掌握了更多信息，这些信息往往是别人不知道的。人们常说，不要不懂办公室政治。他们谈论的其实是一种能力，即能够认识到在自己的公司，工作任务是靠怎样的人际动机和权力机制完成的。办公室政治并不意味着求助于阴险狡诈、勾心斗角的伎俩，而是意味着对他人怎样运用权力的现实理解。

想一想你需要什么，欠缺什么，渴望什么，哪些人能伤害你，哪些人会帮助你。找到这些问题的答案以后，要明白这些人的内心驱动，并且把它们牢记在心。他们有什么权力，他们的权力和你的权力有多大关系？这种权力不一定取决于个人的级别或者地位。某人是否诚实或者忠心，对于这个问题，许多CEO相信助理的判断胜过相信其他人。

要意识到你对权力的感觉，以及你对权力有什么幻想。如果你想攻击性地使用权力，可能是因为你缺乏安全感，想对往事发起报复。想一想你真正想要对谁拥有权力。如果你倾向于破坏自己的权力和晋升的可能性，也许是因为你觉得自己没有价值，你在用行为表达自己的恐惧，你害怕自己取得更多成就以后会失去一些东西，比如家人的爱，与你相比，他们不够成功。你要想办法解决这些问题，明白你心中的症结在哪里。

今天，真正握有权力的表现是能够清楚地看到宏观图景，懂得自己在哪些环节以及怎样对战略和政策施加影响；从拿下简单的得分入手，奠定忠心耿耿的权力基础，让人们看到，你是个正直的人，是个值得信赖的人；努力对造成某种情况的所有变量有所察觉，对它们可能产生的深远后果心中有数；对人们生气的时机和原因具有意识，懂得平息怒火和安抚情绪，使解决问题成为可能；坦然地面对冲突，成为人们眼中的调解人而不是好斗分子。

你在勇敢、诚实、持续地与自己和他人商讨的过程中树立自信。自信使你能够在了解情况的基础上表明立场，做出艰难的决策。你持续地做出自我评价，不断提高自身修养，这是你的领导力的本质方面。这就是本世纪权力的面孔。这个面孔不是通红扭曲、张牙舞爪、狰狞可怖，而是警觉、专注、强大、坚决、投入、同情，永远追求增强意识，用行为反映自己的洞察力。

我打过交道的多数管理人员告诉我，冲突—愤怒—权力原则是最难掌握的。多数管理者不喜欢对下属大喊大叫，也不经常这么做，但偶尔也有些管理者喜欢欺凌弱小，他们用恐惧打造了使人无法做事的企业文化。不过，就连不喜欢大喊大叫的管理者也承认，自己的愤怒表现得很明显，有时候并不理性。他们意识到，哪怕非常微妙的非语言表达——叹气、烦躁的神情、一种姿态——也能够产生效果，让人们知道自己生气了。所有人都为自己权力的效果及其影响范围之广而感到惊讶。具有较强意识的领导者因此变得谦卑，并暗暗发誓要始终清醒地认识到权力带来的特权和威吓力。

我知道，正视自己的阴暗面（它想牢牢地抓住愤怒，对他人挥舞权力）可以让人头脑清醒。要想对这个问题保持警觉，并持续地自我反省，你就必须熟知并掌握冲突—愤怒—权力的作用力，这是你要为提升意识、积极地运用权力、实现和平和安宁付出的代价。

你可以清醒过来，增强意识，做出别的选择，由此改变人生的方向。不过，有些时候，人生的方向发生改变不是由你自己促成，而是被你无法掌控的外力决定。所以，要学会寻找平衡，这样你就会始终保持一种知觉：变化总会发生，但你始终是原来的你。这种平衡行为是值得学习的。我们来探讨一下。

第八章　当变化是个常量时：混乱还是包容？

除了变化，一切都不恒久。

——赫拉克利特（Heraclitus）

和冲突一样，多数人都说自己不喜欢改变。可是，变化似乎总是伴随着我们，尤其是当今时代。事实上，人们普遍认为，在很大程度上，由于技术进步，过去十年发生的变化之多超过了人类历史上任何其他时期。而且这种趋势看不到停止的迹象。

我还记得，当年，工作场所的变化是非同寻常的，是一次性的事件。客户公司的人力资源部门到我的办公室拜访，请我帮助他们为重组、裁员、迁址、合并或者收购做好准备。我们致力于向工作队伍说明情况，实施变革，并组成小组接受员工咨询，听员工表达对即将发生的事情的关切。如今这样的准备工作很少见到，因为在企业中，变化不再是几十年一遇，而是每天发生，经常发生，且没有脚本可循。由此引出了心理原理8。

心理原则 8：在一切工作场所，变化都是个常量。

不论变革是由世界大事、市场状况还是内部原因引发，要想在企业和个人两个层面接受和实施变革，都要求具备特殊的领导力。

变化为什么如此特别？

人类进化形成的天然反应是害怕变化，抵制变化。变化代表着未知和不熟悉，附带着我们会受到伤害的可能性。随着时间流逝，我们渐渐明白，变化也可能是积极的，并可能导向好的结果。变化的完整面貌是，它向来千头万绪，困难丛生，结果既可能赢也可能输。举例说明，在企业重组中，变革通常会产生两个群体：一群人赢了，他们留下来；一群人输了，他们离开。不过现实中事情并不是这么简单。就连留下来的人们也会常常说起重组之前是什么样，因为他们虽然得到了一些东西，却也失去了一些东西。

哈里·莱文森（1979）说过："一切变化都是丧失，一切丧失都必须哀悼。"如果我们不允许对发生的事情进行适当的哀悼，成功的变化就会受到危害。哀悼似乎是一件自然而然的事情。举例说明，想一想中学或者大学毕业时的哭泣和其他表达感情的方式吧——骄傲的泪水，取得成绩的释然，对未来的迷茫和兴奋，还有把过往的自己、把朋友、把一段纯真的经历抛在身后的伤感，等等。

如果领导者在时机尚未成熟之际便仓促行动，要求迅速而不动声色地坚持实施变革，就会遭到抵制，给企业造成后果。还记得我们列出的愤怒诱因清单吗？我们来看看其中与工作中的丧失

第八章 当变化是个常量时：混乱还是包容？

或者职场的重大（或者在员工眼中十分重大）变化相关的诱因吧：害怕、侮辱、失去自尊、感觉受到伤害、感觉脆弱、难堪、失去控制、感觉无助、不公平、缺乏机会、丧失、精神压力。这12个愤怒诱因都是对变化做出的合理反应，尤其是变化也许意味着失去收入和经济保障时。近几年的衰退给许多人造成了严重的经济后果，随之引发焦虑、抑郁，在某些情况下还导致自杀。变化发生的程度之深和速度之快，让人们来不及调动必要的资源调整适应。

快节奏的注重行动的商业模式让人们来不及调整自己，无法适应已然发生改变的环境——不管他们是离开还是留下。谁也不能免于这种影响，人人都感到脆弱。老板与员工之间不成文的契约和由此而来的相互信任被永远打破。一个女人对我这样描述："每个星期，我都觉得我们好像在做抢椅子游戏。椅子总是比人少。音乐响起，大家围着椅子跑，有人出局了，你就要把他的工作和你自己的工作一起做。你做着工作的时候，心里想，这个星期，就该轮到我出局了。这种心态怎么可能把工作做好呢？出了局的人，至少肯定地知道自己站在圈外。"

不愿哀悼的领导者

如果说"9·11"事件给纽约雇员的生活造成了变化，这是过于荒诞的轻描淡写。虽然纽约人具有不可思议的弹性，虽然人们做了许多努力，让自己为失去安全感、为失去纯真进行哀悼，但是，由于城市必须重建，而且必须尽快重建，所以，人们没有来得及开展充分而适当的哀悼。有些企业处理"9·11"给人造成的震荡做得比另外一些公司要好。我当时与多家公司签署了服务合同，有些公司蒙受了巨大的损失。我公司也为我不太了解的一些公司提供服务，他们突然发现迫切地需要为员工提供咨询服务。其中有一家400多人的精品营销公司，公司位于翠贝卡区（纽约曼哈顿运河街以南的三角地），与世贸大楼和关联大楼里的几家公司均有业务往来。袭击发生那天，部分营销人员就在世贸大楼里与客户一起工作。公司没有一位员工失去生命。虽然他们侥幸逃脱，却目睹了可怕的景象。在办公室等他们回来的同事同样留下了心理创伤。

我们与人力资源签订合同，马上组成咨询小组，现场为员工提供一对一的咨询。几位咨询师得出诊断结果：员工遭受了重大创伤。有个年轻女人必须住院治疗。她先是说不出话来，然后就开始在脑海中反复播放"布娃娃从高桌上掉下来"的画面。那天，她开会迟到了，好不容易从骚乱的地铁里挤出来，来到杂沓混乱浓烟滚滚的广场上，正赶上亲眼目睹有些人从世贸大楼跳下，当场摔死。与世贸大楼外的许多其他公司一样，这些雇员遭受了"9·11"事件的二次创伤。

在开展咨询的第三天，营销公司的CEO要求与我面谈。袭击发生当天，他留在温切斯特的家里；这时候他才刚刚赶到曼哈顿。我向他说明了雇员的精神状态和我们提供的服务。他向我提出的第一个问题是，在我看来，他的员工什么时候能够恢复一切正常的状态？他说，公司失去了一些大客户，他需要大家把工作重点放在开拓新业务上。我说不出话来。他看着我的眼睛说，这几天他一直在考虑怎么重新梳理这一事件，用以激励员工，他还杜撰了一个新词叫"富有同情的商业主义"（compassionate

第八章 当变化是个常量时：混乱还是包容？

commercialism），表示大家应该考虑重新发起开拓营销渠道的努力。到了第二周，他发了火，赶走了现场所有的咨询师。他告诉人力资源总监，咨询师是在帮倒忙，他不允许这些人再在公司出现；如果有员工需要咨询，可以自己抽时间去做，而且要自己掏钱。这家公司如今已经不复存在，故事中这位领导者的所作所为在圈内被广为传播，对于这个结果我并不感到意外。

既然由你发起的变革和意外降临的变化都是不可避免的，那么，你一定要了解自己，了解你对变化的感受，这一点至关重要；然后，你才能站在员工的角度公平地看待变化。那位倒霉的CEO不考虑员工的感受，他是个无情的人，但我怀疑原因并没有这么简单；而是他自己被吓坏了，以至于无法体会"9·11"事件并为之哀悼。事件发生时他不在纽约，他把这种"排除在外"的感觉延伸到了以后的日子。他不想发生改变，不愿失去收入、失去客户，不希望员工感到恐惧，也不喜欢随处可见的失去控制的情形。恐惧让他做出盲目的判断，恐惧关闭了他的人性；他拒绝成为这一事件的组成部分。

你本人怎么应对变化呢？你是否匆匆忙忙地行动起来，想以此逃离未知，寻求解决方案？我们在第一章讨论过，人们（尤其是男人）很难做到欣然拥抱未知，很难坦然地接受自己不知道所有问题的答案。接受不确定性，也就是对由此而产生的脆弱感保持开放。这个前提下的领导力是真实、勇敢而鼓舞人心的。为了做到这一点，你必须为雇员建立一种心理结构，愿意的话，也可以叫作接收器，用以包容可能吞噬他们的可怕情感。如果你不这样做，他们内心的混乱就会在职场工作中表现出来。你必须承认，变化伴随着丧失，千万不要极力淡化他们的感受，也不要对

135

他们的生活因此而发生的改变轻描淡写。富有同情的领导力——不仅要处理好离职者的工作，还要处理好留下来的人包括你自己的事务。

一个包容的故事

20 世纪 80 年代，杰克·韦尔奇（Jack Welch）接手担任通用电气的掌门人，他发起了大规模的削减和重组计划，在全国关闭了多家 GE 工厂，使数千人失去工作。人们叫他"中子杰克"。他没有时间，也没有兴趣关注他的决策造成的软性问题，但他同意顾问和人力资源的建议，给那些即将失去工作的人们安排了咨询服务。此外，工会也提出了主张。我受聘前往新泽西纽瓦克的 Ironbound 区，为关闭工厂担任为期一年的咨询服务负责人。这个高度工业化的城区看起来就像刚刚经历过轰炸。20 世纪 60 年代，在种族骚乱期间，这里曾经发生过有名的纵火事件。男男女女每天来这里的工厂上班。有些工厂（比如 GE）的厂区全部用铁丝网封闭起来。这是我开车进去时注意到的第一个现象。铁丝网是不让外面的人进来，还是不让里面的人出去？

关闭工厂造成的最为重大的影响是，员工不可能在周边区域找到别的工作。别的工厂也在关闭，其他工作都没有 GE 的工资高，人们已经成为制造"灯泡"的熟练工，GE 成为家喻户晓的品牌正是由于灯泡。员工的生活将受到严重的冲击。

当时我还年轻，阅历不深，不知道关闭工厂的决定是否明智，是否必要。时至今日，我认为这仍是一个值得讨论的问题。但是我知道，关闭工厂不是人们想要的变化，我必须帮助他们应

第八章 当变化是个常量时：混乱还是包容？

对巨大的情感冲击。我与工厂经理谈话，他告诉我，克利夫兰总部的那些家伙害怕员工也许会破坏工厂，放火把工厂烧掉。还有些生产合同尚未完成，总部也害怕发生怠工。咨询项目要持续一年，直到完成裁员，工厂关闭。我要每周为员工安排团体心理咨询，协调再就业服务，为他们寻找工作、写简历和练习面试提供服务。对于许多员工，GE 的岗位是他们仅有的工作经验。

第一次说明会是午饭后在挨着自助餐厅的一间大屋子召开的，有 24 名高级经理和管理者参加。房间里只有 4 个人不是非裔美国人，我是其中之一，而且显然我是最年轻的。我刚一开口讲话，就被一个身形高大的男人打断。他在前排站起来，高高地耸立在我面前。他用很大的嗓门生气地问，这些事情我怎么可能懂：丢掉工作，有一家人要养活，还有"一个黑人在白人开的公司里干活"的滋味？我这样的人怎么可能知道他过的是什么日子？我回答说，我对这些问题都一无所知，我也不知道他过着怎样的生活，他有怎样的感受。但是，我说，我懂得恐惧和丧失，我简短地讲述了自己的生平故事，讲到我是意大利裔；然后我说，别的问题要请他们来教我。我告诉他们，我愿意帮助他们，愿意向他们学习，我愿意把自己知道的东西与他们分享。

我做了分享，因为他们允许我分享；我也向他们学习，因为关于工作的意义和失去工作的后果，他们有很多东西可以教我。我听到很多他们学习做灯泡并互相传授技艺的故事。有时候，家人也在这里上班，他们甚至给自己的家人当师傅，传授做灯泡的技艺。我亲眼目睹了做灯泡所要求具备的技能。我记得有个态度温和、轻言轻语的女人坐在机器前面，举着精细的仪器左右摇摆和旋转，使玻璃灯泡的一部分慢慢成形。她闭上眼睛，前后摇晃着说:"就像这样流畅。我和机器融为一体——非常流畅,流畅极了。"

有时候在开会时,人们说一些生气的话,有时候他们哭泣。他们谈到不公平和非正义,谈到屈辱和脆弱,谈到让家人失望。此外还有生活中兀自发生的生老病死。

后来,工厂关闭,多数人不得不搬走。工厂没有发生纵火事件,工人也没有怠工。事实上,这一年成了工厂有史以来生产效率最高的一年并被记录在册。有些人多年与我保持联系。多数人再也没有找到满足感和薪酬可以与 GE 媲美的工作,但他们活了下来。为丧失表达悲痛,彼此建立纽带,这个过程让他们渡过了难关。GE 为即将关闭的工厂提供心理咨询服务,员工由此有了一个可以支持自己的网络,然后才能鼓起勇气走向外面的世界。他们能够体面地离开,在离开时知道自己遇到了什么事情,这件事因何发生,他们可以凭借哪些帮助渡过难关。公司让他们失望,甚至把安抚悲痛的工作外包出去,如同外包其他项目,但他们接受了公司的安排;本质上,公司的安排就是一张铁丝安全网,他们使之发挥了作用。

你遇到过或者听说过这样的人吗,他们始终未能从丢掉工作、从自己一手创办的公司破了产或者其他打击中恢复过来?你见过多少个这样的人?此类打击彻底改变了他们的工作,伤害了他们的自尊。此类丧失可能夺去他们的生命。

走向成长和寻找机遇

变化也有好的一面,那就是成长。事实上,除非我们的身体

第八章 当变化是个常量时：混乱还是包容？

发生直至分子层面的变化，否则我们无法长大成人。成长引导我们走向机遇，走向全新和未知的可能性。如果我们愿意克服最初的抵制，接受并对由变化造成的丧失表达哀悼，那么我们就能够从变化过渡到自我的改造和生命的改观。

人们总是惊讶地发现，在生活中十大压力源的名单上，有些压力源也有积极的一面。例如毕业、升职、换工作、买房、搬新家、结婚、生子等，这些都是积极的变化，它们会造成重大的变化和丧失，但也带来收获。有时候，人们能够较好地应对生活中可怕的变化，比如丧偶或者飓风的后果，因为他们清楚地知道自己要做什么。他们知道，除了挺过去，没有别的办法。

我曾经主持过一个探讨痛苦转型的研习班。有个女人用一个比喻来描述她的感受。她说，小时候，她曾经去爸爸上班的办公大楼去找他。电梯坏了。爸爸的办公室在大楼顶层第30层，但她仍然决定爬楼梯。爬到一半时，她感到慌张。她意识到，前面和后面，都只有无穷无尽的盘旋的楼梯。她既看不到自己出发的地方，也看不到她想去的顶楼。没有人上下楼梯；她觉得似乎没有人知道她在那里，她在做什么。她鼓励自己继续往上走，渐渐地，她看到了顶楼的天空。这时候，她肯定地知道自己的目的地就在不远处，她知道自己要去哪里。

在研习班上，我们讨论认为，变化能够把我们带到一个在出发时无法看见的地方，这个地方不在我们的视线范围之内。对于你和你的员工，企业发起变革就是这种感觉。公司往往不肯创新，其中一个原因就是人们无意识地抵制变化。我遇到过一些领导者，他们直视着我的眼睛说："我们为什么要改变——既然没有出现故障，为什么要修理？"有时候他们这样说："我们一直都是这样做的。"意思是公司的做法已然被神圣化，做同样的事情，再也不可能有人提出更好的方式。鲍勃·迪伦（Bob Dylan）有一首老歌，其中一句歌词是："他不是在忙着出生，而是在忙着死去。"公司及其领导者如果不与自己对变化的恐惧搏斗，就可能失去未来。

仅仅与市场潮流和竞争对手保持同步是不够的。此外，你还必须在自己的企业深刻挖掘，寻找人们在放松、游戏、梦想或者为新项目感到振奋时的各种想法。你必须建立一种制度，随时捕捉各级员工鲜活的想法，不要进行审查。你必须保持开放、灵活，为了追求这些创意，愿意暂时把逻辑抛在一边。

我们现在谈论的问题是，对存在于我们的无意识思维中的创意产生意识。防御机制能够抑制我们的不适当、不可接受的想法和感受，也能扼杀我们的创造冲动。如果我们对自己及思维的复杂性没有意识和知觉，就可能把孩子和洗澡水一起倒掉，也可能对具有想象力的无意识思维进行审查。公司常常在不经意间通过官僚制度、不容异己、恐惧和僵化，支持并助长对创意的压制。

创造力取决于理性的逻辑思维与不合逻辑的思想、感情、记忆的合作，后者存在于无意识思维，它们装点和修饰着梦境和幻想。变化鼓励我们发挥创造力，想象"如果……会怎样"，在一片空白中产生憧憬，看到事情的另一种情形。如果我们能够在玩笑中无所顾忌地开展头脑风暴，那么，无意识的想法就会浮出表面，并且被积极利用，而不是沦为消极或者造成破坏。为了让你和你的员工做到这一点，你必须表明，公司注重创造力，欢迎大家提出创意。要鼓励好奇的探索，要对乍看起来好像胡闹的做法保持开放。要对特立独行的勇气表示赞赏，要对体现灵活性和包

第八章 当变化是个常量时：混乱还是包容？

容不确定性的谦卑表示尊重。下次如果你很想对人说"我们一直是这么做的"，就要及时打住；相反，你要说，"我们为什么这么做？怎么才能换一种方式？"

当然，我们所指的不是为了变化而变化，那样的话，变化就成了另一种形式的为了行动而行动，领导者不知道该怎么办时才会那样做。现在，你正在成为头脑清醒、具有意识的领导者，你经常进行适当的反省和思考，它们将引导你做出适当的变化。如果你正像前面故事中的小女孩，站在楼梯井的正中间，既不敢往前走，又无法退回去，那么，请你想一想你和公司曾经成功地经历了哪些变革，再接着一级一级往上走。你知道，员工会向你寻求指引。领导实施变革，并不意味着要未卜先知，它只意味着引导。你不能向人们承诺，一切都会好的；那样就把他们婴儿化了，而且如今也不再有人相信这样的空话。你告诉他们计划是什么，并帮助他们坚持到底。

你用仪式来提醒自己和别人，生活中有些事情是不变的。有些简单的事情一如既往，比如看看日落，讲讲笑话，喝一杯茶。温斯顿·丘吉尔（Winston Churchill）虽然不喝茶，但是据说他这样说过：茶比弹药对军队更重要。而且他拒绝在军队实施茶叶配给制。他理解喝茶这个仪式的重要性和持久性，理解它与他们为之战斗的国家的关联性，喝茶蕴含着同仇敌忾的感情。

对意识的追求也许正是你要做出的变化。对意识的追求肯定不是人们趋之若鹜的一条路，虽然有些人正走在这条路上。现在你在哪里？还跟着我吗？你在楼梯井的起点还是中间？要想到达顶层，你必须每天致力于提升自己的意识。还有最后一条原理可以对你有所帮助。

第九章　当心理卫生状况不佳、对思考造成破坏时：大脑不会照顾自己

到哪里去找回我们在知识中丢失的智慧？

——T. S. 艾略特

有个明显的现象让我毛骨悚然，那就是我们的人性已经远远落后于我们的科学技术了。

——阿尔伯特·爱因斯坦

你买一台电脑或者一部智能手机，厂家往往不会附送使用手册或者书面说明书，很多时候，连基本的操作怎么进行都没有明确的指示。人的大脑也一样，没有基本操作手册，所以我们常常说一些话，做一些事，却不知道自己为什么这么做。大脑不懂得照顾自己，它喜欢自行其是。它养成了坏习惯。也许我们没有对大脑进行日常维护和适当的准备，就开始了每天的生活，就像不洗澡、不刷牙一样；而大脑要正常行使功能，完成新一天的任务，就必须勤加维护。由此引出了第 9 条、也是最后一条心理原理。

> **心理原理 9**：心理卫生状况不佳，会对思考、效率、创造力以及掌握另外八条原理的能力造成破坏。

第九章 当心理卫生状况不佳、对思考造成破坏时：大脑不会照顾自己

用特殊的方式（做一件很难或者十分新奇的事情）庆祝生日，比如参加一万米赛跑或者攀登乞力马扎罗山等，这种做法已经流行了好几年。我认识一个在某金融机构任职的女人，她决定用爬山的方式度过 40 岁生日。在办公室，她的脾气反复无常，经常表现极端情绪。她动辄生气，报复心很强。她的情绪化给工作和人际关系造成了严重后果。她决定把这次爬山作为挑战，为此每天做耐力练习，她的准备工作还包括健康饮食、按时睡觉、严格遵守作息时间。她思考并幻想自己顺利登顶。她对这件事的专注产生一个附带效果，她对周围人的态度变得和气了。她的生日到来，她实现了攀登乞力马扎罗山的目标；她回来工作，可是没过几天，她就恢复了原来的自我，没有条理，惹人讨厌。她为什么不能把为爬山所进行的准备工作运用到每天的生活中？

现在，我们已经学习了另外八条原理。道理应该很明白，要想好好生活、有意识地生活，就必须付出努力。它不会自动实现，因为生活遍布歧路，困难多多。很简单，生活不是一件随随便便的事情。要想过得充实、过得圆满，就必须每天做好准备。你要愿意照顾自己，愿意为他人、为其他观点留出空间。我们必须学会尊重自己，尊重办公室和家里的其他人，为此，我们要维护好心理卫生。如果我们忽视个人卫生，就没有人愿意靠近我们，心理卫生状况不佳也具有同样的效果。

你在学习提升对自己、对职场的心理意识，这件事必须每天留心，每天练习。还记得前面讲过的萨满教的巫师和两条狗的故事吗？你要喂养哪条狗？

日常维护

你要每天提醒自己想一想：你是谁。近来有一种做法很流行，那就是人们在提升领导力的研习班上，用编故事的方法讨论自己的领导力。这种良好的习惯做法已经有一段时间了。你收集关于自己的信息，它们可以让你保持意识，并提醒你，你过去是什么样子。但是，你的故事必须是诚实的，不要让它成为你向自己隐瞒真相的方法。故事还必须是最新的——有更新，有全新的观察，它们描述你现在的情形。这样，你的故事的深度和意义都将有所增进，因为你懂得了无意识思维的重要性，也知道它对你的生活有何影响。

我有个客户，他不断地提醒自己是个避免冲突、总想讨好别人的人。从很小的时候起，他总想调停争吵不休的父母，后来就形成了惯性。在谈判中，他一不留心，就很容易放弃自己的立场做出让步。还有个客户是一家知名美术馆的老板，频频在公众场合现身。她学会了接受自己患有躁狂抑郁症的现实，必须每天吃药。但是，服药只是躁郁症患者迈出的第一步。他们必须随时警觉地观察自己情绪的高潮和低谷。这位客户的疾病更多地体现为躁狂，因为她倾向于奢侈消费、冲动行事，而且过于雄心勃勃，所以她不得不监督自己的支出、决策和总体计划。这种自我监督使她能够富有成效地施展她的才华。她取得了相当的成功。但这是她日复一日地努力的结果。

我给一位 CEO 当过教练。他的自恋型人格广为人知，但他积极努力改正自己的行为，减轻他的行为给别人造成的影响。他

第九章　当心理卫生状况不佳、对思考造成破坏时：大脑不会照顾自己

用积极倾听等方法，帮助自己与直接下属展开真正的对话。他明白，"不能变成我的一言堂"，他用这样的自制力倾听别人说话，他得到了回报：人们纷纷提出创意和想法，公司因此壮大了规模。他告诉我，他每隔两个小时就提醒一次自己，他是自恋型人格！

这个日常练习不同于管理学界最新的时髦词汇"自我调节"（self-regulation）和"自我管理"（self-management）。我并不倡导领导者练习控制情绪、控制自己的反应，就像训练宠物狗养成良好的行为习惯。你已经知道，人类以特定的方式行为举止，背后有着复杂的原因。只有通过提高心理意识，全心全意、来之不易的自我了解和自我监察才能让你发生显著的变化。

想一想这9条原理，想一想它们在你的生活和工作中扮演怎样的角色：

1. 你具有无意识思维，无意识思维的一些企图和动机会影响到你保持理性的能力；
2. 你有弱点，如果自欺欺人，你就找不到自己的弱点；
3. 不可能人人都像你，所以你不能以自己为标准要求别人；
4. 企业和你在其中的角色会再现和重演家庭模式；
5. 人们，包括你，在群体中会发生退行；
6. 所有人都抱有无意识的偏见，喜欢把别人脸谱化；
7. 冲突、愤怒和权力是生活中发生影响的重要作用力，你可以积极或者消极地运用它们；
8. 要对变化进行哀悼，然后它才能发展为机遇；
9. 每天你都要从头再来，做好准备，因为一周或者一个月冲一次澡是不够的。

准备工作

　　天天维护听起来似乎很麻烦，太费工夫；但是你要明白，你做的次数越多，维护所费的时间就越少。在这里，你与无意识思维结为朋友，它会帮助你处理一些小事，提醒你哪些地方需要注意。你对自己越诚实，你的无意识思维与理性思维就越是配合。我们由此能够汲取本能的力量。你原来不知道自己知晓某些讯息、具有某些感受，现在你知道了，就能充分利用这些讯息和感受。心思澄明的感觉让你能够相信这个新的信息源。

　　在领导者和员工没有做好准备时，他们经常对问题缺乏知觉，许许多多烦人的问题接踵而至：误解，争吵，判断失误，决策不当，关系难以相处，工作效率低下，创造力受到压制等。准备工作意味着，你的关注点在于准备迎接未来的挑战——每天，你都在为一万米赛跑或者攀登高山做准备。你提醒自己，你要与哪些人打交道，在哪些地方要具备耐心和勇气。你要思考，对方与你交往时在多大程度上具有意识，你如何利用这一点小心地处理事务，或者在交往中鼓励对方提升意识。同时，你头脑清醒而警觉，不放任自己任意驾驶。

　　如果领导者把目光转向企业日常事务的人性化，他就会比只关注业务问题取得更大的成就。真正的关键是，每一次业务往来、每个决策、每次成功和失败背后，都是具有情感和心理活动的人在起作用。只有糟糕的商业才把人的因素排除在外。

第九章 当心理卫生状况不佳、对思考造成破坏时：大脑不会照顾自己

放慢脚步

> 对美好生活而言，速度不是第一位的。
>
> ——圣雄甘地

我们过着快节奏的生活，保持良好心理卫生的最大妨碍也许就是快节奏。我经常见到一些人，他们始终在寻找自己匆忙中放错了地方的一部分自我。有时候，那些自我的碎片被弄丢了；有时候，它们始终不曾出现，因为他无法静坐足够长的时间，等它们浮现。

几年前的夏天，在法国南部普罗旺斯一家叫作"布拉夫花园酒店"（Hotel Crillon le Brave）的美丽的乡村旅馆，我在修习静坐的艺术；我的意大利家人玩笑地把静坐称为"far niente"（安逸、闲适）。这个小村庄地处偏僻，坐落在山腰上，正对旺度山（Mont Ventoux）。普罗旺斯的房子纵横交错，像迷宫一样，有一条路顺着斜坡通往一座花园，花园里有个被藏得严严实实的游泳池，四周生长着高大的树木和艳丽迷人的花花草草。周围有很多角落可供你沉醉于寂静的美景当中，偶尔有人前来，给你送来美味的糕点和饮料。我受到周围美景的感染，喝了一口馨香的花茶；我想象自己每喝一口茶，都使自己与周围融为一体。

我靠在睡椅上，望着窗外凝然不动的景色，一边喝茶，一边幻想自己置身于一部电影，片名叫作"迷人的四月"。就在这时，两个陌生人走进花园，造成了骚动。不好意思，我得说明一下，这是一对父子，他们是美国人。他们又跑又叫，径直冲向那

个游泳池。儿子大概14岁，他跳进水里，溅起一大片水花，父亲高声叫道："我还以为我会先跳进去呢。"男孩还没有把头伸出来换气，父亲又大声叫道："我们明天骑着自行车去爬那座山怎么样？"说着他一屁股坐在睡椅上，开始摆弄iPhone，全然不再理会他的儿子。他先打了语音电话，创建了新信息，告诉所有可能给他打电话的人，他在哪里，怎么找到他。我认出他是电视行业的一个权势人物。不过，这一通电话之后，这座山腰小村里的所有人都获悉了他的重要性。接着，他用免提电话收听了给自己的留言。他完全没有意识到自己干扰了别人，因为他完全沉溺于自我的世界；也许除了遥远的观众，他根本不知道还有别人存在。他的世界就是他能掌握和操控的世界，以满足他的即刻需求。他也看不到儿子时刻注视着他，渴望他的关注，并且想要取悦他。最可悲的是，他完全没有察觉到自己闯入的是一座秘密花园。

我们都能讲出许多自恋者的故事，以及旁若无人地拨打手机的故事，但是，如果我们克制自己对这些人的气愤、失望和讨厌，就会认识到，他们轻飘飘地浮在生活之上，从未触到生活，从未触动任何人，别人也不曾打动他们。如果真要说出实话，那么，有时候，我们自己也高高地飘浮在云团之上，对一切无动于衷。我有个音乐界的朋友告诉我，一些说唱艺人用一句话来形容这种现象："我们在极速移动。"情况似乎正是这样，可是，我们要到哪里去呢？

我们正在渐渐失去内省和保持内心平和的能力。我们的世界因手指在屏幕上不断点来点去而发生转换，我们记录和删除自己生活的碎片，却全然没有意识到，我们的思想和灵魂跟不上这样的节奏。在最骄傲的时刻，在这个伟大的信息和技术时代，我们

第九章 当心理卫生状况不佳、对思考造成破坏时：大脑不会照顾自己

忘记了电脑是我们创造的——电脑不是我们。人类大脑的运算速度永远赶不上电脑；我们想要追赶电脑的速度，结果，快节奏使我们落败。

我们一天到晚与人进行技术上的连接——发电子邮件，发短信，发帖子，加链接，加好友，但是，有人实现了真正的连接、收获了内心的平静和安适吗？我们到处走捷径，在婚恋关系、亲子关系、友谊、家庭、学校、社会和工作场所，我们总想抄近路。如同那个摆弄 iPhone 的人，我们也全然没有意识到，自己一直身处一处不容亵渎的秘密花园。

我们做事的节奏很快，但并不意味着这是该有的状态。我从事人力资源的同事发起了反对电子邮件狂潮的运动。我在第五章提到过她，她一直在审视自己的行为。她打定主意，她会给下属写电子邮件，但不会在周末发送，除非事件紧急，或者邮件能够帮助别人为下周一的活动或者出差做好准备。她写好电子邮件，重读几遍，然后等到星期一早上再点击发送。她认识到，虽然她自己在周末写邮件，及时处理事务，感觉会很好，但是员工如果在周末收到大量电子邮件，却会感到焦虑，休息时间也受到干扰。现在，他们收邮件时，如果看到有她发来的，就知道一定是有重要的事情要沟通。她笑着告诉我："很多事情都没那么紧急和重要，不需要大脑时刻紧绷；这样的事情数量之多，你会感到惊讶。"

留下空白

人们需要放松，需要把大脑放空，不受外在刺激。我们要有

时间静下心来，反省，思考——诱导无意识思维露出它的疯狂或者富于创造力的内容。神经科学家告诉我们，大脑从不休息；哪怕你并不在高度专注地思考某件事情，你的大脑也在加工处理各种信息。你在同时处理多项任务时，每一分钟都被填满，这实质上迫使大脑专注于外在的事务，没有给它留下"自己思考"的时间。科学研究还得出结论，多重任务处理并不像人们当初认为的那样高效；一次只做一件事情时，人们更为专注，精神更为集中，总的生产率也更高。所以，长远看来，像多重任务处理那样燃烧和搅动脑细胞的做法并无益处。

留下空白时，你会产生自己的思想。你能够与自己连接，不受世界、媒体、办公室和家庭事务的干扰。只有这个时候，你才知道自己是谁，你真正想从生活、从工作中得到什么。如果你没有留出时间与自己连接，到头来也许会像我见过的许多人那样，一觉醒来，发现自己一直过着别人的生活。之所以发生这样的事情，是因为很早以前，他就失去了知道自己的梦想是什么的能力。他心里只有目标——目标和梦想不是一回事。目标是朝着一个方向前进的步骤，梦想则是那个方向。如果你想不起自己的梦想，最后你就会到达错误的地方。

你的理想自我

心理学有个概念叫**理想自我**，它基本上属于无意识，是我们希望达到的理想化的自己；哈里·莱文森（1968）写过大量相关著述。他重点关注一个事实：我们始终无法达到源自意识的这个理想，这一点影响到我们的生活（例如，家长对优秀的强调，门门皆

第九章 当心理卫生状况不佳、对思考造成破坏时：大脑不会照顾自己

优等），影响到我们面对压力时的无意识反应（例如，从不松懈的完美主义）。你会认识到，这个理想自我源自我们在第五章谈论过的超我。我们可以在生活中取得很多成就，但是，如果我们看到，现实中的自己与我们应该成为的自己之间差距过大，我们就会感到痛苦，就会对自己不满意。这个理论有助于解释为什么那么多成就卓著的人似乎从不觉得自己足够优秀，还在不断地提高标杆。

根本上，我们会受到理想自我的过度激励；在我们生活的这个时代，似乎全社会都患了这种疾病。凭借技术促成的能力和机会，我们能够在社会上取得很高的成就；许多人在短时间内取得了举世瞩目的成功，他们的成功故事被广泛传播，因此，人们的理想自我大大膨胀。就在几年前，许多人瞄准的成就目标还是成为家里第一个大学生。现在，目标也许变成了25岁时缔造一家市值几百万美元的互联网公司。

从历史来看，也许可以这样说，清教徒的追求是做个好人，没有罪的人；文艺复兴时期，人们追求成为伟人，成为艺术家。现在，我们追求成为"最"伟大、"最"有钱的人。我们的追求中掺杂了竞争意识——要"做最好的"就是明证。于是，我们是谁，我们认为自己应该是谁，这二者之间的差距变得无比巨大，就再自然不过了。

你的理想自我是什么，你眼中的自己是什么样？是不是没有达到理想？领导者很容易把自己的不满足转嫁给员工，让员工为自己的成就平平、不曾辉煌承担责任。我听过许多领导者抱怨下属、部门或者整个公司，他们愤怒而失望地责怪后者没有支持自己的梦想。

但是，它们真的是你的梦想吗？还是说，它们只是一些目

标，提出那些目标是为了对你无法满足的理想自我表示支持？如果你想在个人和职业生活中变得具有意识，保持在正确的轨道，那么，不受外部世界的信息轰炸，留出独处的时间非常重要。对复杂情况的自我意识和知觉表现为，我们能够把自己的言行、思想和行为持续地统一起来。还记得前面提过的甘地的故事吗？甘地在英国议会发表讲话时，完全不用笔记提示，他的自我已经高度统一。当你在意识层面了解自己，就会表现真实的自己，而不是你认为自己应该是什么样。悖论的是，你努力做出自认为应该怎样的样子，这恰恰是你一点点接近理想自我的方式。

我每天都享用茶歇。我用茶做比喻，喝茶也是一种充实生活的方式。喝茶让我给自己留出空白，使无意识能够提升为意识，使潜在的冲突和创意思维能够浮现出来。几百年来，中国、日本、印度、阿拉伯民族、英国和爱尔兰都知道，中国哲学家老子在《道德经》中写道："杯满则溢，不如适中。"找个什么东西，让它帮助你给自己留出空白，把留出空白变成仪式吧。要腾出地方，抽出时间；意识会让你感到心思澄明，这个结果能够大大弥补所花费的时间；如果听任无意识在你的生活中肆意妄为，你的时间总归要浪费掉。

意识之外

领导者欣然接受东方的传统，比如练习冥想和追求正念[①]等，

[①] 正念（mindfulness）：佛教用语，源自东方，后来在西方被整合到现代心理治疗中，成为当代最重要的心理治疗技术之一。正念是以一种特定的方式来觉察，即有意识地觉察，活在当下及不做判断。——译者注

第九章 当心理卫生状况不佳、对思考造成破坏时：大脑不会照顾自己

这种现象正日益流行。此类练习可以帮助我们确立一种仪式，留出空白，让我们能够听到自己内心的声音，了解自己。可惜，许多管理大师推荐此类源自东方传统的练习，却忽视了意识在其中的重要性。佛教和印度教的教诲一向把意识和知觉作为通往觉悟和涅槃的重要组成部分。如果无意识尚未提升为意识，一个人就无法正念。具有意识，觉知到无意识中蕴含着什么，这是正念的前提。仅仅赞同正念还不够；我们还必须付出努力，对自己的问题具有意识。如果人们对自己的自我，对自己的防御机制、弱点、虚假不实之处没有意识和知觉，他们就没有做好正念的准备。在这种情况下，就要一步一步地来，要先学走路再学跑步。

　　心理分析研究提出了这九大原理，这门学科拥有一些类似于东方哲学的工具和目标：在行动之前我们必须自我省察，我们用内省和反省来自我省察。心理分析和东方哲学可以和谐共存。冥想让你停下脚步，深呼吸，把精神集中在你这个人本身，而不是你做的事情上，让你体会自己此时此刻的心情和感受。随着你的意念愈发集中，到最后，你可以学习抛开思维，任思绪任意飘散。你能够敏锐地意识到当下，把自己放在与他人、与浩瀚的宇宙相对的纵深当中看待。

　　当你把无意识更多地提升为意识，就能够使自我体验更加深刻，并提高领导力。我们在第六章探讨了在全球经济中建立多元化的员工队伍的重要性。个人内在的多元化是个相关的概念——它的难度也许更大。每个人身上都蕴含着两大鲜明的风格或者两股能量：男性气质和女性气质。这是两种居于平等地位的不同气质，两性各自体现鲜明的气质特点，但两种气质却又不受性别局限。出于不合逻辑的、无意识的心理原因，我们用许多方式干扰

了男女两股能量天然而简单的互补作用。职场中的男性不敢表达女性特质，认为它们表示软弱，他们几乎不知道自己身上具有女性特质。同样，女性，包括许多攀升到权力地位的女性，过于依赖自己的男性特质，因为她们在攀升过程中因男性特质得到了回报和支持。结果导致女性视角受到局限，未加充分利用，在有些情况下未能充分发展。如同生活中的很多方面，工作因此被限定为一个片面。

领导力的过度男性化正在阻碍我们取得进步。要想满足本世纪对领导力的要求，就必须把男女两种特质融合起来：把力量与示弱、未知与决断、接受性与行动力、审慎与冒险相调和。这两种风格的融合能够促成必要的范式改变，让我们从独断转变为参与，从竞争转变为合作，从理性的经济视角转变为对人类心理的理解。

在公共和私营部门，我们面临着许多挑战，比如贫穷、人权、可持续性、医疗保健、教育和世界和平，这些挑战迫切地要求卓越的领导力。没有一家企业、没有一个行业不受这些问题的影响。如果我们不提升意识，就无法有效地应对这些问题；为了提升意识，我们就必须为自己、为我们与他人的互动承担责任，保持头脑清醒，对心理的复杂性保持警觉，抽出时间维护心理健康，为反省和创造力留出空间。只要承认人类的心理特性及其包含的一切，认可心理对职场的影响，每天练习保持和提升意识，你就能够改变自己的生活，改变你所领导的所有人的生活。

结论：特权、责任和挑战

如果你的行动能够鼓舞人们梦想、学习、行动和成为更好的人，你就是领导者。

——约翰·昆西·亚当斯（John Quincy Adams）

在这本书的开头，关于我们在企业中看到的许多情况，我提到行业内有些人喜欢说："这些事情是编不出来的。"我们还常说一句话："只要多一点反省和思考，就可以避免让这么多人承受痛苦。"现在，你清楚地知道了工作场所缺乏心理意识的代价，你认识到，你有权力打造一种完全清醒、富有成效的文化，减少大家的痛苦。我相信，你正兴致勃勃、踌躇满志地想要提升自己的意识，提升你所领导的人们的意识，因为你有了九大心理原理作为强有力的辅助。

前不久有人问我在写什么书，我把书名告诉他，并简单地描述了职场上缺乏心理意识的后果。他说："听起来不错。我的下属必须用一种更好的方式跟我相处。不用我说，他们就要知道，我情绪不好时，不希望被打扰。我总是对他们说，他们太缺乏意识了。"这是个让人讨厌的例子。这个人不仅不懂什么是意识，用喜怒无常的个性体现权力感，让下属无所适从，恭顺服从，最重要的是，他滥用了领导力的特权。

领导力的确是一种特权，而一切特权都伴随着责任。

道德

我们在第六章讨论多元化的问题时，提到了彼得·德鲁克强调指出，要想在全球化的知识经济中取得成功，领导者必须成为"世界公民"。世界公民的身份伴随着责任和义务，尤其强调道德判断。德鲁克警告说："我们还会对知识人提出高标准的道德要求。"（1992，p. 373）

旧式的商业往来是基于这样的信念基础：人是理性的，道德以合法性为基础，就其根本而言，公司只要能够逃脱法律制裁，便无不可为。现在我们明白，世界某个角落的一棵树倒下，不仅有人会听到，还有人可能会受到伤害。合法性的概念过于狭小，无法解决是非对错的问题。我们的道德准则必须更加宽泛，在做出判断时要更加注重语境。赞同提升意识的领导者明白，一己之力与世界公民的身份也许会相互冲突。

精神财富（遗产）

权势人物常常站在自己去世以后要继续施加权威、操控别人的角度考虑遗产分配问题。所以遗赠的法律条文往往极其繁琐。每位领导者都会留下精神财富，不管这精神财富是否值得遗留给后人。事实是，即使你最初只领导几个人，你的精神财富已然开始积累。你对这几个人的职业生涯造成的影响，会让他们一辈子记在心里，无论你的影响是好还是坏。

结论：特权、责任和挑战

想一想你的精神财富（遗产）吧。你已经留下和正在创造的遗产，有没有让追随者因为你的领导而过上更好的生活？你所服务的机构能否说明你为它做出了哪些贡献？你所居住的小世界是否因为你的存在而变得更好？你能不能想到一些人，他们因为曾经与你共事而生活得到改善？意识增强了你的能力，使你能够换一个角度看待生活，并重新思考你留在身后的东西。

尊严

领导者肩负的最大责任，也许是用权力赋予人尊严。你处在施加影响力的地位，你可以做出文明、谦卑和同情的表率，以此赋予人尊严。我们在第五章讨论过打造文明有礼的职场的重要性。行为的细微之处即可让我们加深一种认识，我们是相互依赖的。只要营造形成相互尊重的文化，人们会更加投入，更加积极和高效。

保持谦卑很重要。谦卑是尊重自己的人性、与你领导下的每个人建立纽带的最好办法。谦卑也是对付自我欺骗的最好办法。你把自己的故事讲给别人，你们就能够相互了解。而谦卑会让你的故事成为由衷的自我表白，而不是不适当的自恋宣泄。谦卑会让你保持在与人相处的正确轨道上，而不是用你的故事与他人拉开距离。

我在办公室摆放着一只恐龙脚印的泥塑。这是一种三足恐龙的脚印。在距今约1.9亿年前的侏罗纪时代，这种恐龙曾经生活在今日新泽西的东北部。旁边摆放着一块取自美国西部绿河谷（Green River Valley）的鱼化石。5000多年前，那里曾经有鱼群在碧绿的河水中游弋，如今则变成了干涸的湖盆。想必你明白我的意思。我们是谁，我们做了什么，取得了什么成就，在未来某一天的世界历史课上，也许只是个一笔带过的题目。在有限的生命中，我们真正的重要性仅仅在于我们目前所做的事情，我们一起做的事情，以及我们为彼此所做的事情。

如果你觉得恐龙过于遥远，想一想你见过的参天大树吧。德国黑森林北部地区的松树，平均树龄达到800多年。安第斯山上的森林，有些树的树龄超过3400年。它们像遮天蔽日的摩天大楼，早在罗马帝国建立以前，早在人类的辉煌成就尚未实现之前，它们便已存在。每座像样的公园里都有树龄超过100年甚至更加古老的大树。这些树见证过怎样的人间巨变？极有可能我们早已归于尘土，它们仍将继续耸立。它们自己就是遗产。对于我们，它们是使人心怀谦卑的存在。不管我们是国家、军队、公司、童子军团还是读书俱乐部的领导者，我们都是匆匆过客。

那么，我们就应该用"我们"这个词来做操作语言。你能否欣然认可人的尊严，将在很大程度上取决于你与他人、与自己发生共鸣的能力。印度教优美的合十礼是双手合十与人打招呼的礼节，它认可对方的虔诚，它表示我们认识到，我们都是人，相互之间能够产生基本的同情。当你清楚地知道自己何以成为现在的样子，当你真正意识到，为了成为你心目中希望成为的领导者，你必须把哪些东西抛在身后，你就会对自己生出同情，进而原谅自己以前的样子。同样，你也能够原谅别人，原谅他们做过或者未能做到的事情。同情心让我们接受、原谅和前进，然后，继续接受、原谅和前进。

结论：特权、责任和挑战

找回工作的意义

要想在头脑清醒、处处留心的状态下领导，心理意识就是你必经的路口。领导力的巨大特权伴随着责任，你能够肩负起责任的唯一方式是——恪守道德、维护尊严和留下精神财富。坚持不懈的自我认知是你坚定的盟友，而无知和傲慢则是你的敌人。人人都能做领导者吗？不，有些人对领导工作不感兴趣，但是能够做好追随者。显然，世界上需要各种各样的追随者去做事。正在发挥领导作用的每个人都应该成为领导者吗？不，当然不是。领导者不能做坏事，他必须鼓舞人心，洞察深刻，并且具有我们一直在探讨的高度意识，如果你不愿意做这些工作，那么，你可以不做领导者。

当前是严峻的时期，世界出现了问题，它需要领导者。而把职场本身恢复为一个具有尊严和成就感的地方，也不是小事一桩。现在，人们经常说起上个世纪的一句格言："没有人会在临死时，后悔自己没有多花点时间在办公室工作。"人们相信这句话，是因为大家认为，工作的重要性远远比不上与家人共度时光。我对这种观点表示怀疑；虽然我认识一些人，他们为了追求成功，严重地忽略了家庭——我好歹是一位心理学家，多年来在纽约的中心地段工作，我见识过很多这样的人。

我在这本书的内容简介部分谈到了弗洛伊德说过的话，即我们必须学会爱和工作。好好工作是生活必要的组成部分，没有充实的工作，我们不可能幸福。问题是，如同我们在爱的问题上犯下很多错误一样，我们在工作的问题上也犯了大错，因为我们不懂怎样正确地工作。你已经读了这本书前九章的内容，它们描述人们在工作中缺乏意识，也没有抽出时间进行自我反省和思考。我们把自己的疯狂、神经症和对金钱与荣耀的过度需求灌注到工作中，但是并不能因此就说工作本身存在问题。

在这个世界上，每天都有人热爱工作。工作以神奇的方式在人与人之间建立纽带，它给予、支持、启发、创造并改变着生活。工作存在于教室、工厂、医院、办公室、田野、海洋和天空。工作背上坏名声取决于我们对它的态度。如果我们自己甘当傻瓜，因为屈服于萝卜加大棒而工作，如果我们不在每天的工作中展现最好的自己，如果我们安于从事对自己没有意义的工作，我们就没有好好工作。了解自己，了解与我们共事的他人，哪怕难以相处的人，就能够改变一切，能够让我们从工作中得到满足。同样的道理也适用于我们的整个人生。如果我们不懂怎么去爱，不管是爱一个重要的人、家人、邻里还是社会大众，我们也无法充实、满足或者幸福。我们必须爱自己的工作，带着爱工作。

我想，人们临死时应该为自己的工作、为自己做出的贡献感到骄傲。领导者的挑战在于创造这样的工作，创造这样的职场。我们千万不要把爱和工作对立起来，不要再试图在爱与工作之间寻求平衡。生活的真谛在于把人的两种最重要的能力统一起来——爱的能力和工作的能力；我们可以思考、实现、权衡、制造、梦想、创造、书写、绘画、描绘、发明、歌唱、弥合、教导、建设等等，以此发挥能力，全心全意地为人类的持续进化做出贡献。

如果你是领导者，如果你想成为领导者，如果你想成为更

结论：特权、责任和挑战

加优秀的领导者，那么，意识可以成为你的向导，带你走向具有价值的成就和贡献。人类的进步依靠的始终是增强理性。"把无意识提升到意识层面"正是为了增强理性。圣托马斯·阿奎纳（St Thomas Aquinas）写道："把要做的事情做好，就是艺术。"这句话简单而雄辩，它也点破了领导力的实质。我们的时代对你的领导力正拭目以待。也许，未来人们在临死时会说出萧伯纳（George Bernard Shaw，1907）的名言："我愿意在死亡之前彻底耗尽我全部的力量，因为我越是勤奋工作，我的生活就越有意义。我为生活本身而欢欣鼓舞。对我来说，人生不是一支'短短的蜡烛'，而是一支此时此刻由我举着的火炬，我要把它燃得极其明亮，然后交到下一代人手中。"

附录：个人训练技术问卷

姓名

出生日期

出生地

种族/民族

家庭信息

  父母

  兄弟姐妹

童年

  教育状况

  健康状况

请描述你的童年：有无不寻常的经历（比如搬家、生病、死亡、战争、爱好、体育、学习成绩）？

请描述你出生的国家（如果你生活在本国）及其文化和你的经历。如果你生活在别国，请描述该国及其文化，以及变换国家对你的影响。

高等教育（专业、学位、证书、荣誉）

目前的家庭——请描述家人的性格、作风、职业等等

  配偶，重要的另一半

  子女

其他人，比如仍然健在的双亲、兄弟姐妹、与你亲近的其他亲戚等。

你目前的健康状况如何？你是否患有疾病或者担心患病？你是否在服用药物？你上次体检是什么时候？你的睡眠如何？

就业履历

请列出你就任目前职位之前的经历，简短地描述你认为对你最重要的几个人并说明原因。

目前的角色

你的头衔是什么？你担任这个角色有多长时间？你先前在这家机构的任职履历是什么？你的责任是什么？请描述你的上司、直接下属、同僚及你和他们的关系。

你上次的业绩评估是什么时候？请描述你得到的反馈意见。

你上次的360度评估是什么时候？请描述你得到的反馈意见。

根据你过去的业绩评估和360度评估，你瞄准了哪些有待改进的领域？你认为自己是否在向目标迈进？

与你一起工作的人们认为你是个好的倾听者吗？

你认为他们觉得你能够与他们建立良好关系吗？

你怎么描述自己的领导风格？

你怎么描述目前的工作满意度？

小时候，你希望长大了当什么？青少年时期呢？大学毕业以后，你渴望成为什么？

你的父母支持你的事业选择吗？

谁曾经是你的榜样？

你目前有导师吗？

你最喜欢的历史人物是谁？

你有没有最喜欢的虚构人物，他们曾经对你产生过影响（如电影、书籍、戏剧人物）？

你最喜欢哪本书？

你最喜欢哪部电影或者戏剧？

你最喜欢哪句名言？

你爱好或者酷爱什么？

如果你不必继续工作，你会干什么？

什么让你感到压力很大？

压力对你有什么影响？你怎么缓减压力？

你怎么放松？

你有最好的朋友吗？其他朋友是谁？

你认为自己成功吗？为什么你是成功的？

生活中最让你骄傲的是什么？

最羞愧的是什么？

你是个注重精神的人吗？

请填写下面的句子：

当 ＿＿＿＿ 时，我感到强大。

当 ＿＿＿＿ 时，我感到无力。

当 ＿＿＿＿ 时，我很生气。

当 ＿＿＿＿ 时，我感到愤怒。

你是否曾经因为发火而使自己感到难堪？

人们是否感到你期待他们十分完美？

与家人和朋友在一起的你与工作场所的你，是否判若两人？请描述一下。

你信任的人有没有批评过你？他们怎么说？

附录：个人训练技术问卷

你用哪些词语描述自己？请画圆圈。

有创意 脾气急躁 有抱负 胆怯

傲慢 可信赖 自信 热心帮助别人

完美主义 冲动 焦虑 自私

理解他人 公平 乐观 风趣

喜怒无常 阴郁 固执 悲观 易相处

敏感 慷慨 防御 冷漠

你还用哪些词描述自己？

你认为别人怎么看你？

哪些是你的优秀品质？

哪些是你的坏品质？

你有哪些不良习惯？

人们怎样议论你？

在你与他人的关系中，你最骄傲的是什么？

你希望改变或者改进自己的哪些地方？

你在事业起步时，有过哪些强烈的心愿、想法、渴望和雄心？

它们是否发生了改变？

你是否发生了改变？发生了怎样的改变？

你是否怀抱着一个隐秘的梦想，希望在自己的人生中得到某样东西，去做某件事，成为某个人，希望拥有和 / 或希望取得某种成就？

参考文献

ANGELOU, Maya (1990) "Address to Centenary College of Louisiana," Quoted: *New York Times*. March 11, 1990.

ANGELOU, Maya (2013) "Interview, Life's Work", *Harvard Business Review*. May 2013: 152.

ARTHUR, M. B.; DEFILLIPPI, R. J.; and LINDSAY, U. J. (2008) "On Being a Knowledge Worker, " *Organizational Dynamics: A Quarterly Review of Organizational Behavior for Professional Managers*. Vol. 37(4): 365-377.

CALAPRICE, Alice, Editor (2010) *The Ultimate Quotable Einstein*. Princeton, NJ: Princeton University Press.

CARLI, L. L. and EAGLY, A. H. (2007) "Overcoming Resistance to Women Leaders: the Importance of Leadership Style", in B. Kellerman and D. Rhodes (eds), *Women and Leadership*. San Francisco: John Wiley & Sons: 127-148.

COUTU, D. and KAUFFMAN, C. January, (2009) "What Can Coaches Do for You?" *Harvard Business Review*, http://hbr.org/2009/01what- can-coaches-do-for-you

DE SAINT-EXUPÉRY, Antoine (1942) *Flight to Arras*. First Harcourt.

DIAMOND, Michael, A. (1993) *The Unconscious Life of Organizations*. Westport, Connecticut: Quorum Books.

DIAMOND, Michael, A. and ALLCORN, Seth (2009) *Private Selves in Public Organizations*. New York: Palgrave Macmillan.

DIAMOND, Michael A. 2012. "Psychodynamic Approach" in J. Passmore, D. Peterson, and T. Freire (eds). *The Wiley-Blackwell Handbook of the Psychology of Coaching and Mentoring* (365-385) Chichester, West Sussex,

UK: John Wiley & Sons.
DRUCKER, Peter (1968) *The Age of Discontinuity*. New Brunswick: Transaction Publishers: 373.
DRUCKER, Peter (1993) *Post-Capitalist Society*. New York: Harper Business: 214.
DYLAN, Bob (1965) "It's Alright, Ma (I'm Only Bleeding)", from the album: *Bringing It All Back Home*. Columbia Records.
ELIOT, T. S. (1934) *The Rock: A Pageant Play*. London: Faber & Faber.
FREUD, Sigmund (1909) "Five lectures given at the 20th anniversary celebration of the Founding of Clark University in Worcester, Mass.", in *Five Lectures on Psychoanalysis*. (2008) New York: BN Publishing.
FREUD, Sigmund (1986) *The Standard Edition of the Complete Psychological Works of Sigmund Freud*. London: Hogarth Press.
FREUD, Sigmund (1989) *Civilization and Its Discontents*. New York: W. W. Norton & Co.
FREUD, Sigmund (1995) *The Freud Reader*. Peter Gay (ed). New York: W. W. Norton & Co.
FROST, Robert (1951) "The Gift Outright" in *The Poetry of Robert Frost*. Henry Holt & Company, Inc.
GURIAN, M. and ANNIS, B. (2008) *Leadership and the Sexes*. San Francisco: Jossey-Bass.
HALL, Calvin S. (1999) *A Primer of Freudian Psychology*. New York: Penguin Group.
HITCHENS, Christopher (2010) *Hitch-22: A Memoir*. New York: Twelve.
JOBS, Steve (1996) *Wired*, Interview. February, Issue 4. 02.
KETS de VRIES; Manfred F. R.; and MILLER, Danny (1984) *The Neurotic Organization: Diagnosing and Changing Counterproductive Styles of Management*. San Francisco: Jossey-Bass.
KETS de VRIES; Manfred F. R.; and Associates (1991) *Organizations on the Couch*. San Francisco: Jossey-Bass.
KETS de VRIES, Manfred F. R. (2006) *The Leader on the Coach: A Clinical Approach to Changing People and Organizations*. San Francisco: Jossey-

Bass.

LEFFERT, Mark (2010) *Contemporary Psychoanalytic Foundations: Postmodernism, Complexity, and Neuroscience.* New York: Taylor & Frances Group: 156.

LEVINSON, Harry (1968) *Executive.* Cambridge, Mass. : Harvard University Press.

LEVINSON, Harry (1972) "Easing the Pain of Personal Loss", *Harvard Business Review* 50:5, September-October: 80-88.

LEVINSON, Harry (1973) "Asinine Attitudes Toward Motivation", *Harvard Business Review* 51:1 , January-February: 70-76.

LEVINSON, Harry (1992) *Career Mastery.* San Francisco: Berrett- Koehler Publishers.

LEVINSON, Harry (1999) Discussion. Society of Consulting Psychology, Division 13, Annual Conference, St. Petersburg, Florida.

LEVINSON, Harry (2002) *Organizational Assessment.* American Psychological Association.

LEVINSON, Harry (2006) *On the Psychology of Leadership.* Boston, Mass. : Harvard Business School Publishing Corporation.

PINKER, S. (2008) *The Sexual Paradox.* New York: Scribner.

SHAW, George Bernard (1907) Public address at Brighton. Quoted by Archibald Henderson (1911) in *George Bernard Shaw: His Life and Works.* London: Hurst & Blackett: 512.

SORKIN, Aaron (1995) *The American President.* Screenplay. Columbia Pictures.

SOTOMAYOR, Sonia (2013) *My Beloved World.* New York: Knopf, Random House, Inc. : 163.

STEIN, Howard, F. (1994) *Listening Deeply.* San Francisco: Westview Press.

TAGER, Mark & WOODWARD, Harry, L. (2002) *Leadership In Times of Stress and Change.* La Jolla, CA: Work Skills-Life Skills: 103.

图书在版编目(CIP)数据

掌控:职场活力九法则/(美)谢利·雷西尼罗著;梁卿译.—北京:商务印书馆,2021
ISBN 978-7-100-19695-6

Ⅰ.①掌… Ⅱ.①谢… ②梁… Ⅲ.①成功心理—通俗读物 Ⅳ.①B848.4-49

中国版本图书馆 CIP 数据核字(2021)第 047361 号

权利保留,侵权必究。

**掌控
职场活力九法则**
〔美〕谢利·雷西尼罗 著
梁卿 译

商务印书馆出版
(北京王府井大街36号 邮政编码100710)
商务印书馆发行
北京冠中印刷厂印刷
ISBN 978-7-100-19695-6

2021年5月第1版	开本 880×1230 1/32
2021年5月北京第1次印刷	印张 5¾

定价:30.00元